普通高等学校"十四五"规划工业设计类特色教材
普通高等教育产品设计专业新形态一体化教材

智能 INTELLIGENT
HOME APPLIANCES PRODUCT DESIGN
家电产品设计

李翠玉◎著

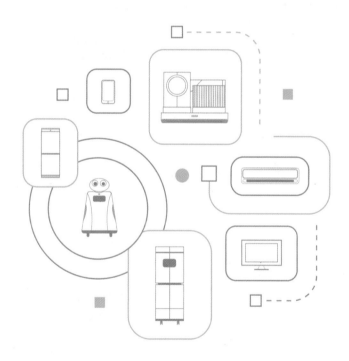

华中科技大学出版社
http://press.hust.edu.cn
中国·武汉

内 容 简 介

本书主要介绍了智能家电产品的设计思维，在设计思维的指导下孵化出最终的设计实践成果，完整地论述了几件产品的设计开发过程。全书选取五个具有代表性的智能家电（空气净化器、深紫外杀菌器、多功能吹风机、家用空调、家用智能灭火机器人）作为具体案例，从用户需求的角度分析了智能家电产品在具体设计过程中应该解决的实际问题，提出了创新性的设计实践结果。

本书可以作为高等学校产品设计、工业设计等专业的本（专）科生、研究生的教学用书，对毕业生进行论文撰写具有很好的指导意义，对该领域的从业人员及爱好者来说也是很好的学习资料。

图书在版编目（CIP）数据

智能家电产品设计/李翠玉著. —武汉：华中科技大学出版社，2022.11（2024.1重印）
ISBN 978-7-5680-8785-8

Ⅰ.① 智…　Ⅱ.① 李…　Ⅲ.① 智能家电-设计　Ⅳ.① TM925.02

中国版本图书馆 CIP 数据核字（2022）第 199776 号

智能家电产品设计　　　　　　　　　　　　　　　　　　　　李翠玉　著
Zhineng Jiadian Chanpin Sheji

责任编辑：刘艳花
封面设计：刘晓虹
责任校对：王亚钦
责任监印：周治超
出版发行：华中科技大学出版社（中国·武汉）　　电话：（027）81321913
　　　　　武汉市东湖新技术开发区华工科技园　　邮编：430223
录　　排：华中科技大学出版社美编室
印　　刷：武汉科源印刷设计有限公司
开　　本：787mm×1092mm　1/16
印　　张：13.75
字　　数：280 千字
版　　次：2024 年 1 月第 1 版第 2 次印刷
定　　价：79.00 元

网络增值服务

使用说明

欢迎使用华中科技大学出版社图书资源网

👤 **教师使用流程**

① 登录网址：**bookcenter.hustp.com**（注册时请选择教师用户）

注册 —— 登录 —— 完善个人信息 —— 等待审核

② 审核通过后，您可以在网站使用以下功能：

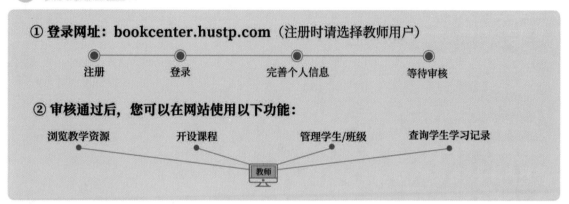

浏览教学资源　　开设课程　　管理学生/班级　　查询学生学习记录

教师

👥 **学生使用流程**

PC端操作说明

① 登录网址：**bookcenter.hustp.com**（注册时请选择学生用户）

注册 —— 登录 —— 完善个人信息

② 使用数字资源

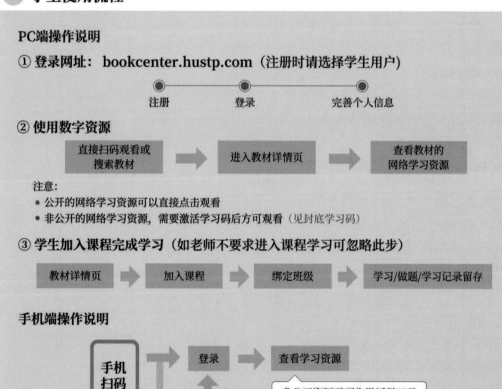

直接扫码观看或搜索教材 ➡ 进入教材详情页 ➡ 查看教材的网络学习资源

注意：
- 公开的网络学习资源可以直接点击观看
- 非公开的网络学习资源，需要激活学习码后方可观看（见封底学习码）

③ 学生加入课程完成学习（如老师不要求进入课程学习可忽略此步）

教材详情页 ➡ 加入课程 ➡ 绑定班级 ➡ 学习/做题/学习记录留存

手机端操作说明

手机扫码 → 登录 ➡ 查看学习资源
注册 ↑
非公开资源需要先激活学习码

教师或学生如遇到操作上的问题，可咨询陈老师（QQ：514009164）

人类社会在信息化之后必将走向智能化。2017年被业界称为人工智能商业化、产品化应用元年，也是人工智能发展的拐点。智能家电作为智能应用的一个重要方面，其在发展过程中产生的新内容、新形式，以及相应出现的新问题、新需求，都需要设计去积极应对。

家电智能化的目的就是最大限度地满足用户的需求，给用户提供更好的服务，面对大跨越式发展产品的更新迭代，用户在使用产品的过程中如果无法获得满意的使用体验，那么再好的智能化产品也无法体现出其真正的价值。由此看来，从用户的需求出发，深入研究智能家电产品的设计就显得尤为重要。

同时，随着我国科技应用的大众化，智能家电的规模化普及逐步扩大，在未来十年内，城市生活将会迎来家电的智能化。因此，研究智能家电产品的设计具有很大的学术价值与实际应用价值，能够促进智能家电行业的经济发展，能够提升人们的消费水平，给人们的生活带来切实可行的舒适感和便捷性。

目前，由于国内关于智能家电产品细分行业的设计类书籍很少，所以迫切需要这方面全面的、系统的专业教材。本书从用户的实际需求出发，将理论学习和工程实践结合起来，选取了最具代表性的智能家电产品作为设计案例，介绍产品设计过程中的创新思维和设计思路，以及与设计相关的理论知识，如用户体验的相关理论、市场调研的方法、设计的要素和原则、设计流程的构建、可靠性分析、多功能设计理念、人机交互设计的方法等。

本书是著者在多年从事"智能家电产品设计"课程教学过程中总结出来的研究成果，其中有的内容已在学术期刊上发表。在本书编写过程中，闫兴盛、刘晓虹、蔡朝阳、周鲲鉴、王卉竹、孙信民、彭琪升、庞蕾等研究生做了大量的工作，特在此表示衷心的感谢；同时，本书还参考了许多国内外学者的相关文献，在此向这些作者一并表示感谢。

本书可以帮助高等学校学习产品设计、工业设计的本（专）科生、研究生，以及该领域的从业人员及爱好者，全面地了解智能家电产品的研究方法与设计思维，提升他们对专业知识的认知能力与运用能力。

本书自出版以来的一年时间里，已被十几所院校选为教学用书，在此向选用本书的院校和教师表示衷心的感谢。本次重印应广大师生的需求，增加了配套的数字资源（含教学大纲、配套课件、在线习题和作品展示），学生可通过扫描书中的二维码浏览和学习，教师如需教学课件，请与我联系（联系方式：20050025@hbut.edu.cn）。

　　由于著者水平有限，时间仓促，书中可能存在诸多错误和不足之处，敬请广大读者批评指正。

著　者

2024 年 1 月

教学资源

作品展示

目 录

第1章 绪 论

1.1 智能家电产品概述

随着科技的快速发展，人工智能所涉及的生活领域越来越广泛，生活中随处可见各种各样的智能化产品。智能家电产品作为人们日常生活中必不可少的产品，一方面在一定程度上满足了人们智能化生活的需求，提升了人们对高品质生活的追求；另一方面在具体使用过程中存在着各种各样的问题。当前在激烈的市场竞争下，智能家电的种类及其智能化的应用形式都在不断丰富，这预示着人们生活理念和生活方式将迎来新的改变，也促进了智能家电市场需求的不断扩大。

智能家电是把传感器、处理器、存储器、通信模块、传输系统融入各种家电产品中，使得家电产品具备动态存储、感知和通信的能力。把人类智慧特征融合在某种家电产品上，完成人类不能完成的任务，部分或全部代替人类完成某些事情，同时具备敏锐的感知能力、正确的思维能力、准确的判断能力和有效的执行能力，并把这些能力全部加以综合利用的产品就是我们所说的智能家电。我们的衣、食、住、行各种领域都充斥着智能产品，如智能化妆镜、智能电饭煲、智能空调、智能交通工具等。设计者作为生活方式的先行者和引导者，有责任把先进的智能科技运用到人们使用的各类产品中，提升用户的体验，增强人们使用产品时的实用性、易用性、舒适性、方便性。当前智能产品已经逐渐改变着人们的生活方式。

我国在 2019 年 1 月 1 日正式实施了 GB/T 28219—2018《智能家用电器通用技术要求》（下面简称《要求》），它适用于家用和类似用途的智能家用电器、智能家用电器系统/智能家居。《要求》对智能家电的定义为：应用了智能化技术或具有了智能化能力/功能的家用和类似用途的电器。可以理解为类似人类所具有的感知、决策、执行及学习等固有属性和能力。与传统家电相比，智能家电的使用方式相对来说更加便捷，能满足不同使用情景的不同需求。传统家电主要满足的是用户基础性的使用功能需求，让人在繁重的家务劳动中解放双手，而智能家电由于其智能化的控制特性，更大程度上模拟人脑的功能，具有学习、思考和执行的能力，满足的是用户多方面、多层次的需求。智能家电实现了拟人智能，产品通过传感器和控制芯片来接收信息、分析信息并处理信息。它除了满足用户需求的自动化设置和控制外，还可以根据用户的住宅空间环境和使用习惯进行个性化设置，实现个性化功能。另外，智能家电具有社交网络的属性，在这个万物互联的社会，智能家电与互联网连接后，用户可以分享自我使用情况，在网络上与使用同类家电的人群形成一定的社交圈。

智能家电模拟人类大脑，能够自动控制及接收用户在使用空间内或通过 APP 执行的远程控制指令，具有自动感知家电自身使用状态、家电服务空间即时状态的能力。现在家庭大多常用的是智能电饭煲、智能空气净化器、智能空调、智能扫地机器人、智能家庭监控摄像头等智能家电。

1.2 智能家电产品现状

智能家电的发展目前正在由单件产品的智能化向多件产品的智能互联转变。经研究发现，智能家电产品目前发展现状如下。

1. 发展不完善

智能家电为了更好地实现其智能化，适应不同的场景需求，需要在硬件设备上不断地尝试、完善、研究，不能只是单纯地在原有传统家电的基础上添加感应器和控制器来实现家电产品的智能化功能。智能家电产品为了实现不同智能家电产品之间的互联互通，不同品牌之间需要解决不兼容的问题。目前市场上大多数智能家电产品都具有自我品牌独有的 APP，不同品牌产品之间没有实现互联互通，产品相互之间缺少联动性，全屋智能家居系统在短时间内难以形成。同时一些中小企业没有能力投入大量的资金来支持产品的技术研发，影响了智能家电产品的持续创新，智能产品的生产难以形成规模化，造成了智能家电产品的价格一直居高不下，普通消费者无力购买的现状。因此，对于智能家电的价格定位问题也是家电行业面临的巨大挑战。

2. 操作复杂

当前的智能家电在执行其使用功能前需要在手机或平板电脑上下载与之相匹配的产品的 APP，与传统家电的操作方式截然不同，在手机或平板电脑 APP 上的触控操作代替了传统遥控器的作用。传统家电产品通常都是用户手动操作来执行其使用功能，操作程序简单、易用，即使老年人使用也非常方便。但是，使用手机操作智能家电的过程相较于传统家电产品的操作显得过于复杂，用户接受程度不高，主要体现在以下几点。

（1）APP主页面的菜单展示没有做到细致的分类，用户长期使用过程中容易产生视觉疲劳。同时APP的概念、架构、功能三者之间分类不清晰，存在混淆的情况。

（2）APP同质化现象严重，不同产品的APP操作界面缺少自身独特的功能和品牌特色，部分信息缺乏可靠性与真实性。

（3）用户使用体验效果不佳，尤其是对于一些年龄较大的使用人群来说，操作方式不符合他们长期的使用习惯，复杂的操作程序让他们难以掌控，用户与产品之间缺乏有效的互动交流。

3. 安全无保障

通过研究发现，现有的智能家电需要对用户的信息进行采集、传输，信息输入以后使得智能家电的使用操作变得方便、快捷，但是由于智能家电是面向整个家庭，通常人们都希望保护自己的隐私，一旦隐私泄露，那么将有可能造成不好的影响和后果。如果用户信息被非法使用，还有可能对用户的财产安全造成一定的影响，严重的话还会危害社会的正常治安。因此，智能家电行业需要在保障产品使用便捷的同时，在产品的安全性设计、信息维护等方面要不断地优化和完善，确保用户的信息不被泄露。同时，目前还没有相关部门制定出智能家电的统一行业标准，国内很多中小企业各自为政，研发的产品与产品之间兼容性不好，消费者购买的智能家电产品可能存在一定的质量问题，这会导致消费者对智能家电的信任度不高。

4. 产品同质化

当前市场上充斥着大量同质化严重的智能家电产品，从外观设计到使用功能都大同小异，同类型或不同类型的智能家电产品都存在一定程度的同质化现象。企业并没有站在用户立场上真正解决用户需求，只是为了抢占市场盲目跟风生产，这就导致了当前阶段各行各业同质化都非常严重。智能家电企业要想取得比较理想的市场占有率，就必须抢在别人前面发布新品，抢占市场，这样就会引领行业，作为行业的先驱者，成为别人羡慕的被模仿者，而不是成为模仿者。当前对于追求创新理念的智能产品硬件领域，产品的同质化现象也十分严重。面对同质化严重的行业现状，产品要想赢得消费者的青睐，在激烈的市场竞争中站稳脚跟，企业必须要有自己的核心产品。产品技术人员没有做深入、全面的市场调研，开发的产品即使技术上具有先进性，但实用性差、操作复杂、与市场需求脱节的话，仍然不具备市场占有率。与此同时，企业还需要不断地研发与创新，创造出吸引消费者目光，并且能真正解决用户使用需求的产品。

1.3 智能家电产品未来发展方向

1. 操作方式更简单

为了解决智能家电产品操作复杂，提高用户的使用体验感，最大限度地优化智能家电使用便捷性这些问题，智能语音交互操作将成为未来智能家电产品操作模式发展的主要方向。通过语音操作，产品可以改变原来复杂的 APP 操作带来的困扰，方法简单、快捷，出错率低，在很大程度上提高了用户的操作体验。用户通过手机、平板电脑等产品可以实现远程控制家用电器、灯光照明、安防设备等智能产品。除此之外，随着自动化控制技术的发展与运用，智能家电产品也将实现功能的自找控制，它能根据自身使用的环境和条件发出模拟人类需求的功能指令，通过这种自动化控制，减少了人工操作和进行优化决策的过程，给人们的生活带来了更多的便利。因此，简化智能家电产品的操作方式是一个急需解决的问题。

2. 信息安全更有保障

在保障用户使用产品简单、便捷的基础上，为了更好地保护用户的个人信息安全，智能家电行业需要在产品的安全技术上进行更加深入和完善的研究。在未来的发展中，智能家电产品在使用过程中可以对个人信息设置多重保护屏障，严格管理用户信息，坚决杜绝用户信息泄露问题的发生。同时，政府管理部门也需要做到严格审查，加强智能家电行业的生产监管力度，确保销售产品的各方面性能都达到行业标准。新事物是在一切旧事物的基础上所做的改进，进而变得更加符合人们的审美标准和使用需求，智能家电产品也是从传统家电的基础上发展而来，因此它的安全性也需要更加有保障。信息化社会的今天，在市场经济的引领下，能最大限度地满足用户需求的产品会一直引领市场的走向，不符合市场发展规律的产品终将被淘汰，因此智能家电产品的使用安全性也必须得到进一步加强。

3. 产品的创新性更强

通过研究发现，在智能家电行业内缺乏核心技术和独具特色的产品、大量跟风模仿型的产品在市场中很难立足。各大家电厂商需要清醒地认识到只有创新才是企业成功的唯一出路，创新性和精细化产品才是市场主流。面对市场多样化竞争，智能家电行业只有拥有了创新这个核心竞争力，才能在激烈的市场竞争中赢得消费者的青睐，不断地实现可持续发展。在智能家电产品创新设计活动中，需要充分了解用户需求。用户需求往往与情感化设计和人性化设计息息相关，了解和分析用户需求，在一定意义上就是探究人的心理活动的过程。用户需求最核心的部分就是人在使用产品时的内心感受，消费者在体验产品时，对产品的体验感受是定义产品质量的重要因素。产品创新设计成功的重要前提就是从用户的需求出发。在创新一件产品时，设计师需要设身处地地了解用户的内心期望，充分了解现有此类产品的基本概况，从用户的角度出发，根据用户的不同需求分析产品的设计要素，从而创造出创新型产品。全面、清楚地了解用户需求是一个艰难且漫长的过程。在创新设计产品之前对用户进行访谈，用户往往会清楚地表达产品在使用时的优点、缺点和希望改进的地方等，而对自己真正需要什么样的产品却表述不清。所以，设计师在进行产品创新设计时要以用户为中心，积极主动地了解并挖掘用户的各种隐性需求，真正设计出满足用户需求且具有创新性的产品。

1.4　研究智能家电产品的目的和意义

　　智能家电发展过程中产生的新内容、新形式，以及相应出现的新问题、新需求，都需要设计师去积极应对。家电智能化的目的就是最大限度地满足用户的需求，给用户提供更好的服务。

　　用户的全部体验感受，除了使用产品期间的即时感受，还包括用户使用产品前对产品的认知和预期，以及使用后对产品的体验反馈。在当今信息化的时代背景下，新材料、新技术都得到了快速的发展和应用，用户的需求也越来越多元化、复杂化和个性化。产品除了满足用户在使用功能、造型美观性上的需求之外，还需要重视用户在使用产品过程中多层次的体验感受。在一定程度上提升智能家电的可用性、易用性，以及用户在感官、情感和价值上的满足感，可以优化智能家电产品的用户体验。使用产品的过程中用户体验的好坏是直接关系到智能家电能否真正走入家庭、融入用户生活的重要一环。

　　今天智能手机已经成为人们生活中不可缺少的一部分，智能手机等通信设备的普及为智能家电的推广与使用做足了准备，它们成为各种智能家电产品的控制终端。随着我国电子信息技术的快速发展，智能家电的市场前景被广泛看好，智能家电和智能住宅的内涵将不断发生新的变化。智能化将成为未来家电发展的主要趋势，"人机对话、智能控制、自动执行"是未来智能家电的主要特点。智能家电的普及将全面改写家电市场现状和行业格局，智能家电的互联互通是未来家电智能化的必然趋势，将会给用户的日常生活带来极大的改变。

　　人类科技快速发展的主要目的是让人类可以更高效、更便捷地享受更舒适的生活环境。智能家电也不例外，智能家电将会成为智慧家居生活一个不可或缺的部分。运用智能芯片的家电，受用户智能终端控制，完成用户给定指令，帮助用户从繁重的家务劳动中解放出来。智能家电受绝大多数用户的青睐，它可以给人类的生活品质带来质的飞跃。随着我国科技应用的大众化，智能家电的规模化普及将逐步拓展，在未来十年内，城市生活将会迎来家电的智能化。智能家电的普及在满足人类舒适性要求的同时，也满足了人类的安全性要求。智能家电不仅可以 24 小时不间断地检测居住环境是否安全，而且可以在危险发生的第一秒就采取有效的处理措施，最大限度地降低危险带来的影响，这是人工无法做到的。

工业产品设计师需要做到以用户需求为中心的设计，在对家电产品进行创新设计时除了在外观上进行突破之外，也需要从功能上对智能化技术进行研究与运用。设计师既不是程序开发员，也不是技术研究员，但设计师需要去了解这些技术，研究如何把当代先进的技术运用到产品设计中，以实现产品的智能化，让智能产品更贴近人的生活，让用户使用得更舒适、更便捷。当然在设计智能化产品时也千万不要因为智能化而把产品变得更"复杂"。目前市场上出现的各类智能家电产品存在着不同的缺陷，对一些特殊人群的关注较少，没有真正地对用户人群做全面、细致的分类，导致大部分产品对部分特殊人群并不友好，如智残人员、老年人等。在智能家电产品设计的过程中如果能考虑到这些特殊人群的特殊需求，真正做到无障碍化设计，这将是一个很好的人性化设计。

当前智能家电与人们的生活息息相关，智能家电的未来发展关系到人们的生活质量。研究智能家电的目的和意义最终都是为了从用户需求的角度出发，将智能家电产品设计得更加人性化、更加高效，让人们使用产品的过程变得更加方便、快捷，将人们从繁忙、琐碎的家务劳动中解放出来，让人们有更多的时间去做自己想做的事，让人们的生活质量更高，让人们的幸福感更强，让社会更好地发展。

本书后面章节将通过几个智能家电产品的设计案例介绍产品在设计过程中的创新思维和设计思路，希望能够起到抛砖引玉的作用，激发读者的创新意识和研究兴趣。

 思考题

1. 请阐述智能家电的定义。
2. 简述智能家电产品的发展现状和未来发展趋势。
3. 智能家电产品能为人类生活带来哪些便利？
4. 研究智能家电的目的和意义是什么？

扫码做题

第 2 章　空气净化器设计

随着计算机技术、网络技术、控制技术及人工智能等的飞跃发展，智能化已经成为新世纪的发展趋势。在此之下，智能家居也随之迅猛发展起来。基于智能家居概念的家用空气净化器相比传统的家用空气净化器有着无可比拟的优势。一方面，智能化的控制系统极大地简化用户的使用流程，从而增加用户使用产品的次数，增加品牌与用户之间的联系，间接提升品牌的竞争力。另一方面，智能家居由于其自身理念的先进性，在结构上可以做到相对简单，许多功能可以通过互联网的方式置于外部设备或云端，从而使产品在体积和造型上有了更多创新的可能性。

家用智能空气净化器的创新设计顺应了当下互联网经济快速发展的形式。身为智能家居行业的产品设计师，我们需要站在用户的角度去深入思考产品的定位以及用户的体验；我们需要站在市场的角度去分析产品如何保持其竞争力并且更好地为品牌争取效益；我们还需要站在行业的角度去实践并制定全新的产品概念，使得产品处于科技和社会经济发展的前列。

本章对空气净化技术、空气净化市场的发展情况进行了研究，并通过查询相关的技术文献，搜集到了大量的相关资料，熟悉了关于绿色环保和设计等方面的相关知识，就国内外空气净化器的发展做了相关的分析和比较。在理论方面，深入研究各大品牌家用空气净化器的产品线；从产品的官方网站获取相关结构及功能信息，通过问卷调查收集用户使用信息；由表及里地分析产品造型特点对其功能的影响。在实践方面，反复尝试与否定各种形态的空气净化器造型细节，提取前沿设计元素，并通过手绘检验效果；分析用户使用痛点并提出改进方案，明确产品创新点，建立完善的产品使用逻辑；使用 Rhino 进行建模，并用 V-Ray 物理渲染引擎进行真实的光线场景模拟，优选舒适产品视觉方案；最终交付专业的模型生产车间进行实物生产，反复尝试各种材料工艺，优化产品触摸体验。

基于以上研究结果，完成了一款家用智能空气净化器的创新设计。最终产品设计方案符合当今流行设计风格，在用户体验、结构创新、功能创新、CMF 创新、视觉协调等方面都有着显而易见的突破。

2.1 引言

2.1.1 设计背景

随着国内经济和科技的迅速发展，人们的生活水平在不断地提高，然而同时也伴随着许多环境问题。例如，大量的生活垃圾难以处理，只能焚烧；车辆的数量倍增，导致车辆尾气严重污染环境；化石燃料的过度燃烧，空气中弥漫大量粉尘污染物。在一些发达城市，环境继续恶化，空气污染问题变得越来越严重。空气污染已经成为影响人类健康的最大危害之一，严重降低了人们的生活质量。

空气污染问题现如今成为各国的痛点问题。日常生活中，我们大部分时间都在室内度过。常见的室内空气污染是室外空气污染的3～6倍，而城市居民每天在室内的时间超过19小时，占全天的79%以上。室内空气污染程度比室外空气污染更严重，特别是在使用空调和暖气的封闭空间，其空气质量更令人担忧。我们居家生活的大环境，隐藏着各式各样的有毒气体、有害微生物、宠物的毛发和有害纤维。这些隐患来源于富含苯、氨、酯或三氯乙烯等有害气体。生活在这些环境里的人们往往忽视了这类气体的危害，前几年经常报道出租房甲醛超标的事件。很多人患上的疾病或多或少与室内污染有关，室内空气污染经常成为社会上的一个热点话题。为了应对当今严峻的空气环境，减少空气污染对人体的伤害，保障人们的健康，空气净化技术应运而生。空气净化器作为一个产品投放市场，受到了人们的青睐，室内空气污染不再是令人头疼的难题。

空气净化器是指通过空气净化技术，除去或吸附污染物和空气中的颗粒物质，包括过敏原、内部PM2.5等。早期的空气净化器用于医疗和工业领域，随后以家用电器产品进入各个家庭。空气净化器在室内空气净化中具有重要作用，为了提高市场的占有率，各大品牌在空气净化器的研发和创新阶段进行竞争，让当今的空气净化器种类变得愈加丰富多样。同时各类厂商也推出了各式各样的产品，丰富了市场空气净化器的种类。空气净化器从一个简单的净化装置渐渐地衍生出各种形态，在用户体验和功能创新上加大了创新的力度。虽然现在市场上净化器的种类比较多，但是价格相对来说都比较昂贵，并且有的净化器功能不是很完善，需要更多的人去设计更好、更实惠的产品。

除了空气净化功能以外，这类产品也衍生出了其他辅助功能，例如将空气加湿、空气香熏等功能融入高端的空气净化器产品中，在人机交互中更加符合用户的心理。空气净化器的创新让更多的设计师为用户创造了更多的价值体验。然而，目前部分产品在设计上仍然有很多不足，烦琐的操作过程易打断用户顺畅的体验，使得用户产生挫败感，增加负面情绪，从而造成用户的流失。

本章围绕空气净化器的用户体验进行创新设计，分析现有的空气净化产品，通过研究用户的需求点，改进现有产品用户体验的不足，改善产品"功能主义"的发展模式，重新定义当前用户对空气的理解，让产品更加有温度，更加符合用户的情感体验。同时为了突出空气净化器在用户体验上的创新，在空气净化器结构设计方面采用更加合理、更加智能的净化技术和模块化结构，加入更多创新的功能，对空气净化器移动端 APP 进行重新定义，让空气净化器不单单是一种家电，也是人们生活的贴心助手和生活管家。在表现形式上，通过绘制不同方案的草图、建模，以及渲染不同角度的渲染图，对空气净化器的外观和功能进行系统的规划和设计，在让产品拥有良好的视觉体验的同时，也能让用户在使用产品时拥有良好的用户体验。

2.1.2　设计目的及意义

家用空气净化器产品于 20 世纪 80 年代进入市场，现今在技术和功能创新方面相当成熟。但作为新兴市场的家用电器，其造型和功能应该符合现代消费者的需求，但单纯地从外观上进行改进不足以满足当代消费者的需求。人们的需求已经开始向独特个性、新的文化认同、自我修养的体现、多元化产品类型转变。用户群体的分类也决定了家用空气净化器产品的分类。以当今都市年轻人为例，城市生活的空间往往狭小、拥挤，家用空气净化器的高性能已经不那么重要，相比之下合理的净化效果、优良的用户体验、更加智能的工作方式、便携的体积成为年轻人选择空气净化器的首要条件。针对高层次的用户，家用空气净化器的设计要素又会发生天翻地覆的变化，独立的中产阶级群体往往会要求起居环境内的物品都带有独特的个人审美，家用空气净化器也应该具有相同的造型属性，当然设计者也需要从材料、功能、用户体验等各个方面综合考虑。

本章综合分析了家用空气净化器产品的设计要点，包括造型、材料工艺、创新方向等方面。通过自主设计家用智能空气净化器的案例，结合家用空气净化器在交互方面的完善，进而预测空气净化器产品设计在未来的发展趋势，同时也为各个国产品牌在产品设计方面寻求突破点，对家用智能空气净化器的设计创新具有一定的理论价值、实践价值、社会价值，期望对一些国产家用空气净化器品牌在设计创新方面提供有益的参考。

通过调研身边使用家用空气净化器的用户、上网搜集优秀的家用空气净化器案例，归纳空气净化器产品设计的要点，了解当今市场家用空气净化器的功能，总结用户购买的基础因素。在空气净化器产品技术已经相当成熟的当今市场，想方设法在技术上寻求突破创新无疑是性价比极低的选择，在产品性价比不相上下的前提下，拥有前卫的设计理念及优良的用户体验才能真正提高产品的竞争力。因此，在如今空气净化器产品迎来爆发式发展机遇的背景之下，应推出更加符合时代潮流，让用户使用起来更加自然、舒适的产品，才能抢占更大的市场份额。

智能家居是高新技术融入家庭生活的必然趋势，是未来国家重点发展的项目之一。当前，我国智能家居的设计和应用还处于初步发展阶段，随着用户对家居环境的要求越来越高，智能家居产业的市场前景更加广阔。家用智能空气净化器作为智能家居的一部分，相比传统的家用空气净化器更符合人们对现代化、智能化、舒适化、高效化生活的追求。

我国空气净化器产品市场占总空气净化器产品市场重要的一部分，诸多国产品牌在满足功能性的前提之下拥有更为美观的造型和优良的用户体验会让用户更愿意去选择，目前国外在家用智能空气净化器的造型和功能的创新上并无太多研究，因此家用智能空气净化器的创新设计依然具有重要的研究意义。

2.1.3 设计路径

通过分析当今现有的空气净化产品，研究用户的需求点，改进现有产品用户体验上的不足，改善产品"功能主义"的发展模式，重新定义当前用户对空气净化器的理解，让产品更加有温度，更加符合用户的情感体验。家用空气净化器内部结构一般相对简单，笔者通过搜集各大数据库相应的空气净化器内部结构资料，大致了解了家用空气净化器的内部结构及工作原理；同时搜集一些成功的、有设计感的案例，对比各个品牌、样式的家用空气净化器在功能创新和造型设计上的优势，提取广受用户欢迎的产品设计要素，分析其设计思维和方法。

走访调查各大家电市场，搜集相关数据，了解消费者购买动机；浏览各大购物平台相关评论，排查消费者对产品因造型设计不合理的投诉或留言。记录不同价位家用空气净化器所对应的用户群体，定位产品固定用户群。

拟定草图方案，确定产品大致造型及风格。采用 Rhino 建模，列举出具体的方案及备用方案，并进行细致的比较与挑选；模型精细化，确定产品长、宽、高及比例，参考人体工程学，添加产品设计意符；搭建真实的场景及环境模型，模拟真实的产品使用场景；使用 V-Ray 物理渲染引擎，对材质、光线进行无偏差模拟，比较不同环境、不同光线、不同时间、不同季节对材料的影响，以及视觉效果反馈；输出真实环境效果图，确定产品 CMF 工艺。

智能家居产品的交互方案设计一般离不开互联网环境和移动平台；家用智能空气净化器也是一样的，前沿的设计理念结合简单的交互逻辑赋予它真正意义上的智能。UI 交互界面作为产品功能创新及使用流程的体现，与产品本身相辅相成。无论是 UI

交互界面、动画效果，还是操作逻辑都要符合产品的设计理念。最后通过 C4D 定制产品专属的演示动画，利用镜头、环境灯光、场景等丰富的变化展示产品。

空气净化器在我国各大厂商的推动下，发生了翻天覆地的变化，人们对空气净化器的使用不再仅仅要求简单和实用，随着科技逐步的发展，消费者对空气净化器的美观度、舒适性、功能和实用性等综合性的需求进一步提升。通过对空气净化器的调查和分析，下面就空气净化器的发展做了一系列的预测，并针对预测的结构提出了相关的设计方向。

1. 环保、节能

现阶段，消费者在选择或者购买空气净化器时最注重的便是环保方面的因素，因此，环保也成为空气净化器研发过程中最基本的原则。在设计产品的过程中还应该将资源和环境对空气净化器的需求进行全面考虑，并就其质量、功能、开发周期和成本等，不断地优化各种因素，使得产品在生产过程中能够将负面影响降到最低，使设计出的产品的各项性能指标都能满足需求。因此，在设计的过程中应该将环保和节能作为设计的出发点和最基本的目标。

2. 人性化

未来工业设计中人性化是最主要的发展方向，那么应该在产品的设计和生产过程中怎样体现人性化呢？对这个问题影响最大的便是设计师。设计师在产品的设计过程中应该尽可能地将功能和形式等注入人性化的设计，并赋予产品人性化的特点，使得产品除了能够完成最基本的功能之外，还能够赋予一定的个性、感情和生命，从造型、色彩、性能及消费者等方面入手，确保能够将这几个因素有效地结合起来，最终实现人性化。

3. 高技术智能化

在设计过程中，产品的高新技术和智能化主要体现在能够将操作者的操作难度大大降低，在一定程度上减轻操作者的工作量，提高工作的效率。产品的可靠性进一步增加，产品维护的成本降低。除此之外，在诊断产品故障时也实现了智能化，维修人员不必大费周章便可知故障所在，能针对性地进行修复。消费者通过产品体验享受高质量的生活，促进空气净化器的发展。

2.1.4 设计内容

本研究主要着眼于我国室内空气污染的问题，分析和比较现在国内外市场上各种空气净化器产品，有针对性地选择更加合适的净化技术和净化方式，对智能空气净化器进行设计，绘制不同设计方案的设计图，并对其设计方案进行对比分析，通过建模、渲染总结各自的优缺点，针对空气净化器的外观和功能进一步优化和改进，得到最佳的设计方案，最后对设计完成的整个形态进行调整，提高产品的用户体验感，进一步提升人们生存的空气质量，提高人们的生活品质，促进人们身心健康的发展等。无论从经济的角度，还是从环保的角度，空气净化器的研发和设计均具有十分重要的意义。

主要研究内容有如下几个方面。

（1）家用空气净化器调研分析：将国内外各大空气净化器品牌产品作为调研对象，对目前市场上的空气净化器进行对比分析。

（2）家用智能空气净化器设计：首先简要分析设计的思路和要求，然后重点阐述家用智能空气净化器的设计方案，包括它的外观设计、配色方案、结构设计、控制系统设计、材料选择等，并绘制不同设计方案的设计图，最后对上述家用智能空气净化器的设计方案进行对比分析，通过建模、渲染总结各自的优缺点，对空气净化器的外观和功能进一步优化和改进，得到最佳的设计方案。

（3）家用智能空气净化器的 APP 界面设计：对智能空气净化器进行调试，分析其功能是否达到设计要求，并分析其存在的不足和待改进之处。

2.1.5 研究方法

1. 文献研究法

通过研读和查阅国内外有关空气净化器净化方式、用户体验度、造型设计等的相关文献资料，理清国内外研究现状及存在的问题。

2. 案例分析法

以某公司空气净化器研究与设计项目为例，对企业现有的空气净化器和净化技术进行深入的分析和研究，并进行相关的对比，最终选择适宜的净化方法和技术，并从外观造型、色彩、结构及材料的选择等几个方面入手，制定几种不同的设计方案，最后选择最佳设计方案进行交互界面设计。

总之，本项目主要从家用智能空气净化器创新设计要点方面深入研究和分析，并结合消费者的生理和心理特征、家用空气净化器产品发展历程及中外家用空气净化器市场环境对比分析，结合用户痛点、用户体验理论综合分析，运用理论和实践相结合的方法进行研究。理论研究部分主要运用理论借鉴法、文献研究法、图片分析法、案例分析法及设计学相关理论的研究方法；实践研究部分主要运用实践考察法、模拟法、固定因素分析法等。

2.2　用户体验的相关理论

2.2.1　用户体验的概念及发展

用户体验（user experience，UX 或 UE）是指用户在使用产品或者享受服务过程中所建立起来的综合性感受。用户体验的中心思想是"以用户为中心"。从表面意义上来看，用户体验就是从多个方面对事物进行感受，包括对事物的造型、材质、色彩、质量等方面进行体验。因此，不同的用户在不同的场合、不同的使用区域对使用同一种产品所产生的感受都不尽相同。用户体验研究的核心是人的感受和人的需求。通俗来讲，用户体验是指人与产品互动过程中所表现出的全部感受。人们对于一个产品在使用过程中的满意程度和对这个产品的共识度都归属于用户体验。

用户体验很明显是一种心理活动的表现，是一个人在使用一款产品时的心理活动变化，包括在使用前、使用中和使用后形成的心理感受，用户体验设计贯穿在整个创新过程之中。用户体验设计的应用研究范围很广，不仅在互联网行业广泛应用，而且逐渐向产品设计行业迈进。我们不仅要以用户的需求和关注点为目标，还要着眼于产品的操作性更加便捷，这样可以解决用户使用产品时产生的心理需求，满足消费者独立操作，增强产品与人之间的互动性，增加消费者对此项活动的喜爱。

1966 年的迪士尼乐园对满足人们生活的丰富性、娱乐性一直保持着从用户需求角度出发，针对时代的发展融合人们对世界、社会、生活的期盼。即使开启智能时代，迪士尼乐园只是在部分产业上进行了智能化的融合，依然保留最原始的基本功能、基本体现和大众的基本需求。例如，米老鼠服饰的玩偶、游行杂耍等都依然保留至今。第二次世界大战期间美国大量的财力、物力都投入科技中，战争结束后，美国的经济实力增加，科技力量也突飞猛进。迪士尼动画制作结合当时的科技力量和用户体验需求，满足了当时人们的心理需求和人们对新时代、新科技、新力量的向往。迪士尼乐园利用科技的进步给人们带来快乐的做法，一直激发着现代设计师的灵感，从用户角度出发，设计符合当下流行趋势、满足社会需求的产品。随着用户体验的广泛应用，其理论核心所包括的专业领域逐年增多，目前用户体验与教育行业、互联网行业等多个领域相关联，然而不同专业背景和不同产品之间存在跨越式的不同。总而言之，针对不同领域的产品进行用户体验需求分析与总结，要结合具体的目标对象进行具体分析。

从手工业时代开始，当时的手工制造业主要还是满足人们的基本功能需求，在随后的机械革命之后，机械制造代替了人的手工劳作，大大提高了产品制造的效率。然而，机械代替了人的劳动力，手工产品特有的"人性"遭到了泯灭。在历史的进程当中，很多工程师和设计师完善了用户体验的理论并运用到产品上。20世纪40年代后期，飞行中校保罗·费茨通过研究自己在驾驶舱内的驾驶错误，提出了驾驶舱控制按钮的最佳排列建议，由此费茨定律成为用户体验设计的基本定律之一，也是人体工程学的起源。20世纪中叶，丰田在生产效率和人类智慧之间找到了平衡，鼓励工人参与排除生产故障和优化生产流程的过程中，提出了"以人为本"的宗旨。大约在同一时期，工业设计师亨利·德莱福斯的著作《为人的设计》出版，他在书中所构造的虚拟人物乔，提醒我们应该以人为本。ISO 9241-210标准将用户体验定义为"人们对于针对使用或期望使用的产品、系统或者服务的认知印象和回应"，通俗来讲就是这个产品好不好用。ISO 9241-210也对定义进行了补充：用户体验，即用户在使用一个产品或系统之前、使用期间和使用之后的全部感受，包括情感、信仰、喜好、认知印象、生理和心理反应、行为、成就等各个方面。

2.2.2 用户体验理论研究现状

用户体验是某种产品在使用过程中或者在执行某项服务时，所产生的包括生理及心理感受。产品应该追寻"以人为本"的设计理念，以产品的易用性和功能性为核心，让用户在使用产品的同时能够让用户与产品产生心灵上的触碰，在操作产品的同时能够触发用户使用产品的乐趣，让人和产品的联系更加紧密。通过用户体验理论研究我们可以发现，产品应该从用户的诉求点出发，考虑用户的感受，从而实现人与产品的交织与共鸣。用户体验也存在差异性，不同的用户对产品的体验是不同的，这导致了不同用户对产品的体验会存在或多或少的差异。针对不同群体，可以发掘不同群体在使用产品过程中的共性，让产品能满足用户功能和情感上的需求。

日本的樽本徹也在《用户体验与可用性测试》一书中详细讲解了用户体验具体的可用性和方法，通过案例的讲解让读者更加深刻了解到用户体验和生活息息相关，这本书对此领域的设计初学者具有指导意义。美国的艾伦·库伯（Alan Cooper）等学者所著的《交互设计精髓》能让读者从用户体验设计规范出发，以多个网页设计为案例，定义了用户体验设计的用户需求。在相关文献的研究中，发现针对空气净化器用户体验的著作特别少，说明国内缺乏对用户体验和空气净化器的系统调研和分析，在用户体验的理论和分析上存在空白。

2.2.3　用户体验的影响因素

1. 环境因素

特殊的地理因素对产品的使用有着必不可少的影响。用户体验的具体实施是以环境作为依托，环境直接影响用户对体验活动的使用氛围。环境因素主要分为社会因素和自然因素。社会因素主要是当前产品的社会发展趋势和社会经济的发展水平。自然因素是用户体验设计的基础，主要包括地理位置、气候环境等。

2. 人的因素

人在整个体验过程中始终占据主导地位，人具有主观能动性，对一个事物可以产生不同的感受，这些感受受一个人的生活经历、生活态度、文化水平、审美能力等多因素影响。所以，在相同的场景下相同的一个产品被不同的人群所使用会产生不相同的用户体验。人的心理状态具有多样性和多变性，这都会导致对同一产品不同的使用感受或相同的使用感受。

3. 产品的因素

用户体验的整个过程都伴随着产品的使用，产品的造型、色彩、功能、质量都会影响用户在使用过程中的感受。用户体验产品的整个过程始终伴随着用户的心理变化，每一个细节的设计和操作方式都要满足用户的日常生活习惯，符合用户基本的知识能力水平，达到易用性和实用性相结合。如果用户在整个体验过程中有疑惑或者不舒适的情感体验，都会产生不愉快的体验感受，甚至会导致体验产品的用户在体验过程中对产品产生厌烦或者不安的情绪。

2.2.4　用户体验设计的目的和意义

设计的目的往往是以人为中心的，研究"用户体验设计"是方便设计师了解用户的需求点，以用户的需求作为切入点，设计出符合用户预期的产品，这样的产品能够在满足产品本身基本功能的同时，也能满足用户对产品的相应诉求。同时一个好的产品交互体验能加深产品用户对产品的依赖度及信任度，这对产品的购买者来说起到了一个良好的推进作用。

如何让产品和人产生"共鸣"，产品是否能与用户存在交织和联系是用户体验设计的最后一环。对于用户来讲，一个合格的产品是用户所需要的。当产品对用户存在"吸引力"时，用户才会考虑购买产品。如果产品达不到这个目的，产品将会失去它的固有价值，无法获得用户的青睐，导致产品销售量低，市场的压力也会随之加大。在用户体验设计中，一方面要将产品的使用属性放在最前面，在整个体验过程中不要单纯地为了产品的附加功能而忽略了产品本身的功能属性。例如，足球就是用来踢的，原本足球产品的属性就是一个整体密封性的产品，如果单纯地为了给产品增加观赏性而一开始就将足球做成镂空的样式，那么足球就失去了它的功能性，它不再是单纯而具有实用性的足球，而变成了一款艺术品。所以，我们不能为了增加产品的附加功能或美观性而改变产品原有的属性。另一方面，在产品操作体验时要从用户的惰性角度出发，尽量使用户在不依赖说明书的前提下，对产品可以轻易进行操作。最后，市面上同类型产品日益增多，如何吸引住用户成为产品体验研究的重中之重，不同的用户对空气净化器的功能、外观等有着不同的需求，为了迎合不同的用户，还需要进一步有针对性地开展研究，所以用户体验在产品设计中至关重要。

2.3 空气净化器国内外研究状况

2.3.1 国外空气净化器研究状况

部分发达国家在很早便出现了具有一定空气净化意义的相关产品，例如在16世纪初，很多矿厂的工程师就开始尝试为矿工设计一种隔绝空气粉尘和有害烟雾的空气过滤面罩。而在20世纪初，由于空气污染所导致的人员伤亡事件经常发生，甚至远远超出了当初人们的预期。例如，1930年比利时马斯河谷烟雾事件是20世纪最早有记录的大气污染惨案，随后陆续发生了洛杉矶烟雾事件、光化学污染事件、多诺拉烟雾事件以及英国伦敦烟雾事件，数以千万的人在这些事件中失去了生命。人们陆续意识到空气污染的严重性，在注重改善环境质量的同时也在考虑设计过滤空气有害气体的产品。

最早具有空气净化意义的产品起源于消防行业。1823年，约翰和查尔斯·迪恩已经开始思考如何让消防员免受有毒烟雾的侵害，并设计出一种新式的空气烟雾防护设备。消防员在救火的过程中，有毒的气体会被防护装置抵挡，消防员吸收有害气体的概率降低。1854年，约翰·斯滕豪斯也设计出另外一种不同原理的防护装置，这种装置是基于活性炭的吸附功能原理。他发现有害的气体和污染物能够被木炭所吸附，这一发现让当时的烟雾防护装置更加的安全。在后来的第二次世界大战时期，美国政府着手研究一种新型的过滤装置，这种装置在放射性物质的研究中得到了普遍的应用。这是一种能够吸附有害颗粒物的装置，吸附空气中的有害颗粒，能保证科学家在研究放射性物质的时候不会被空气的放射颗粒物伤害。20 世纪 50～60 年代，HEPA 过滤器进入了当时的美国百姓家，这个技术让当时的民众受益，也为解决后面的空气净化技术提供了新的捷径。HEPA 至今仍是被空气净化器应用最为广泛的技术，也是最为关键的技术之一。随后空气净化器的发展也因为净化技术的发展变得更加多样化，离子净化技术也运用在了后面的空气净化器中，达到了净化颗粒、除尘、消灭病菌的目的。此后，光触媒技术、紫外线模块的运用，让空气净化器的净化效率更高，满足了各类用户的需求。

欧美的一些国家也在很早就对空气净化技术进行了关注，随着经济的发展，欧美成为空气净化器的完善者，也是最大的受益者。早在 70 年之前，美国便开始着手研究 PM2.5，并针对性地提出了改进的措施和治理的方法，现在它们的各项技术已经相当成熟。目前，美国的空气净化器技术主要用于除尘，其中大部分为静电集尘吸附的方式，另外一部分为 HEPA 滤网整机。在欧洲，空气净化器市场十分发达，其主要原因是大部分的欧洲人都喜欢饲养宠物，因此不可避免地在室内会出现饲养动物的毛发，以及宠物身上散发出来的异味，因此空气净化器受到大部分人的欢迎，每年的销售量也相当可观。

很多年前，日本便开始着手治理大气中的各种污染，因此日本很早便开始了空气净化技术的研究，取得了丰富的研究成果。就日本市场上流通的空气净化器而言，大多数采用的空气净化技术为 HEPA 滤网过滤技术。每年的春季和秋季，日本的花粉过敏症患者会大量出现，因此市场上的空气净化器几乎全部具有过滤花粉的作用，另外还具有消毒杀菌和防病毒等作用。在日本，无论是家庭还是酒店几乎处处可见空气净化器，普及率非常高。另外，针对不同的使用场合，日本的空气净化器企业还研发了不同型号和不同配制的空气净化器。由此可见，日本空气净化器市场相当发达。尤其是最近几年，随着空气污染问题越来越严重，空气净化器的销售量更是增长迅速。

韩国政府对大气环境的污染治理也十分重视，空气净化技术也相当成熟，普及率非常高。韩国市场上空气净化器主要是 HEPA 滤网，150 万台中就有 100 万台属于这种类型。另外，韩国的空气净化器商家另辟蹊径，提供了净化器的租赁服务，进一步拓展了市场。

西方工业化和城市化比中国领先了大半个世纪，由此带来的空气问题和有关空气净化的研究也要比中国早很多，所以对国外市场的调研和学习，具有重要的意义。最早的空气净化器是由约翰和迪恩发明的，当时杀病毒和净化空气的原理是利用高浓度净化因子的包围作用。由于病毒多为寄生，破坏它的电解质或者核衣壳，可以降低其活性或者直接将它杀死。最大的空气净化器市场是在北美，1990 年，其年销量已经达到了 540 万台。由于发达国家对室内空气质量的严格把控，大量学者开始对家用空气净化器进行研究改进，发现了原有净化器的不足之处，同时提出许多不同的建议。到空气质量问题出现在中国之后，这些需求和调研成为推动国内市场发展的主要力量。纵观整个西方空气净化器行业的发展，大致可以分为以下三个阶段。

(1) 第二次世界大战期间，空气净化器的主要用途是保证科学家的健康呼吸。HEPA 过滤器就是在这个时期诞生的，起初大多数时候只是在实验室使用，受众对象只面向科学家，还有防空洞设计和建设人员，因此从整体上看，市场并没有形成。

(2) 20 世纪 80 年代，空气净化器开始产业规模化。当时的技术难关已经突破，净化的重点由技术转为对方式的研究，过滤的目标颗粒除了异味和有毒有害物质，还扩展到花粉、灰尘等，众多厂家进行大规模的批量生产，消费链和生产链相互匹配。空气净化器进入到越来越多普通消费者的家庭，说明了空气净化器受众的变化。

(3) 2000 年时，空气净化器市场已经到了成熟的阶段。想在激烈的市场竞争中站稳脚跟，各大厂商必须有多种不同的设计、制作方式，在技术、外观和工艺等方面都要有自己的特色，并且要求产品成熟，能为室内空气的改善带来显著效果，这时候无论在质量还是数量上，欧洲市场都达到了饱和。飞利浦（PHILIPS）、LG 等公司，其技术都在不断地创新。

2.3.2 国内空气净化器研究状况

20 世纪 60 年代，国外的空气净化器技术和产业飞速发展的同时，我国空气净化器仍然处于探索和借鉴阶段。随着我国经济发展水平的不断提高，市面上的空气净化器种类渐渐增多，到了 20 世纪 90 年代，我国出现了很多家电的制造品牌，很多制造和销售空气净化器的企业在这个时期也都涌现出来。当时市面上我国制造的空气净化器主要还是以模仿国外的空气净化器为主，没有自己的核心技术。近几十年来中国自主品牌不断创新，国外技术不断引进，市面上国内的空气净化器成为主导市场，市场占有率快速提升，国内的新型技术得以发展。如今，随着消费者的消费水平不断提升，单一的产品功能已经满足不了消费者的需求。近年来家电的智能化趋势让空气净化器融入智能家居已经成为现实，智能化已经成为主流空气净化器品牌的标配。在功能方面，由于传感技术的加入和升级，我国空气净化器已实现了智能分析空气成分以达到自动净化空气的目的，在参数和配置方面更加符合我国消费者的生活习惯。

我国市面上的空气净化器产品与日系品牌的产品相似，大量采用 HEPA 和活性炭过滤技术，少量的高端家电空气净化器品牌运用了光触媒技术，伴随着技术的升级和中国家电影响力的不断提升，国产净化器品牌正得到越来越多消费者的认可。前些年，由于雾霾天气出现的概率越来越大，空气污染已经相当严重，市场上空气净化类的产品销售量也步步攀升。单就销售量进行分析，我国在 2012 年销售的净化器数量大约有 126 万台，2013 年的销量比 2012 年翻了近一倍，高达 240 万台，销售额达到了 56 亿元。虽然在 2014 年我国的家电市场一度低迷，但是空气净化器的市场额却增长迅速，销售额达到了 136 亿元。因为客观利润的吸引，空气净化器的生产企业数量也在快速增长，从 2012 年的几十家发展到 2014 年 200 多家，仅用两年的时间便颇具规模。以上各种市场信息均表明空气净化器得到了人们的日益重视，成为市场上最为热销的产品之一。

家用空气净化器出现在市场上已经有相当长的一段时间，曾经只有少数的家庭有能力使用这种新型家电，伴随着小米等智能家电产品的出现，家用空气净化器产品的价格已经变得相当低廉，于是越来越多的人将家用空气净化器带进家中。同时，随着人们开始重视自身的健康问题和室内空气的质量，空气净化器已经成为多数家庭必不可少的一件物品。

空气净化器在刚进入中国市场时属于小众商品，消费群体在主体上分为两部分：第一部分是患有呼吸道疾病的人群，这类人群最常见的疾病是支气管炎和哮喘，空气中的病毒很容易直达支气管，严重时有呼吸困难的危险，婴幼儿甚至会因此而死亡；第二部分是经济能力强的高消费人群，例如一些高端场所都设有空气净化器，这种消费是为了获得一份享受、一份浪漫，在除去他们介意的气味后，会再利用空气净化器加入他们希望有的香料。这部分消费者对有毒有害气体并不是很关注，主要关注的是气味。

从行业发展来看，在过去的 20 年里，空气净化器已经完成从"放养式"慢发展向精细化快发展的转型，空气净化器的质量也得到了极大提高，质量差或出现问题的厂家直接被市场淘汰，为广大消费者提供了保障。2019 年底，政府颁布了国家强制性质量和排放标准 GB 36893—2018《空气净化器能效限定值及能效等级》之后，空气净化器的能效得到了更多关注，在能效方面得到了进一步的优化改进。

2.4　家用空气净化器产品市场调研

市场调研的方法有很多，本研究主要运用问卷调查和现场采访的方法，进行家用空气净化器用户群体的确认和分类，从而提供产品定位及产品设计的依据。通过调研，我们希望收集到用户使用家用空气净化器时的具体使用时间，购买家用空气净化器产品所考虑的因素，以及用户在使用时发现的问题等，分析并总结出市面上大多数家用空气净化器产品的痛点，并明确改进方向。调研步骤、方法和目的如表 2-1 所示。

表 2-1　调研步骤、方法和目的

步骤	方法和目的
前期调研	通过访谈及上网阅读资料，定义目标用户，得出用户特征
问卷调查	通过纸质问卷、网页问卷、现场采访的形式获得量化数据，问卷问题需要合理设计
数据分析	整理统计数据，作为建立用户模型的依据，并对提出的问题所采取的办法进行可行性分析
建立用户模型	任务模型、思维模型，用于功能确定和用户体验设计

2.4.1　用户调研

用户调研是一种理解用户，将他们的目标、需求与企业的商业宗旨相匹配的理想方法。因为不同的人所处的家庭和工作环境不同，所以大家会从自身的实际情况出发，对空气净化器的种类和功能有不同的需求。例如，孕妇和老人需要中度舒适的空气，呼吸疾病患者需要高度净化的空气，高端场所和普通受众需要轻度净化的空气，或者加湿、加香薰的空气，所以我们必须深入现实中去实地调查才能真正设计出满足消费者需求的产品。

下面分别从空气净化器的用户关注点、需要净化的室内污染物、功能需求、应用场所四个方面对 120 人进行问卷调查，除去少部分受采访者的无效回答后得到的有效调查结果，分别如表 2-2～表 2-5 所示。

表 2-2　空气净化器用户的关注点

用户关注点	数量/人	比例/（%）
安全性	120	100.00
外观	66	55.00
材质	72	60.00
空气净化效率	114	95.00
价格	102	85.00
品牌	72	60.00
能耗	96	80.00
附加功能	60	50.00
其他	30	25.00

表 2-2 的调查结果显示，在空气净化器的关注点方面，用户最关注的是空气净化器安全性和空气净化效率，其次是价格和能耗等。

表 2-3　空气净化器需要净化的室内污染物

室内污染物	数量/人	比例/（%）
二手烟	108	90
粉尘污染	95	79.17
细菌	67	55.83
厨房油烟	85	70.83
宠物气味	62	51.67
甲醛等装修气味	74	61.67
其他	55	45.83

对表 2-3 的调查结果进行分析，发现用户在选择空气净化器产品时，在需要净化的室内污染物方面最关注的是空气净化器吸附二手烟和粉尘污染的功能，其次是净化厨房油烟和甲醛等装修气味，最后是细菌和宠物气味等。

表 2-4　空气净化器的功能需求

功能需求	数量/人	比例/（%）
智能性	108	90
风速调节	78	65
空气质量显示	96	80
加湿功能	75	62.5
充电提醒	107	89.17
过滤网更换清洗提醒	114	95.00
故障报警提醒	116	96.67
定时开关功能	92	76.67
儿童安全锁	89	74.17
其他	45	37.50

表 2-4 的调查结果显示，用户最关注的是故障报警提醒、过滤网更换清洗提醒和智能性问题，其次是充电提醒、空气质量显示、定时开关功能和儿童安全锁，最后是风速调节和加湿功能等。

表 2-5　空气净化器的应用场所

应用场所	人数/人	比例/（%）
卧室	110	91.67
客厅	90	75.00
办公室	114	95.00

应用场所	人数/人	比例/（%）
厕所	71	59.17
厨房	66	55.00
餐厅	74	61.67
其他	53	44.17

对表 2-5 的调查结果进行分析，发现用户在选择空气净化器产品时，最希望应用的地方是办公室和卧室，其次是客厅和餐厅，最后是厕所和厨房等。

2.4.2　空气净化器的市场调研结果与分析

室内空气污染的形式和状况随着经济发展的变化而变化。我国室内空气污染的演化正在经历一个历史性的变化过程。欧美国家在研发空气净化器的专利技术、质量和开发能力上均具有相当大的优势。日本空气净化器的发展起源于 20 世纪 80 年代，最初只是用来净化花粉等颗粒物。随着防治花粉症等空气洁净需求的扩大，日本家用空气净化器的配置数量很快由一家一台发展为一个房间一台，这种转变促进了日本空气净化器产业的迅速发展，出现了许多品牌，如松下、大金、巴慕达等空气过滤器品牌。它们采用了不同的技术方案，使空气净化器达到令人满意的效果。

通过走访家电市场和收集电商平台的数据，我们发现市面上份额较大的空气净化器主要有海尔、美的、飞利浦等品牌。专门以空气净化器为主要产品的品牌厂家呈散开分布，规模相当，产品的质量参差不齐。高端净化器厂商如 LG、戴森、三星主打差异化市场，产品功能更加全面，价格也更加昂贵，其目标用户主要以高端用户为主。就目前市场来看，空气净化器产品主要以传统家电品牌、互联网品牌、创业公司为主，三大主流品牌各有其特点。

(1) 传统家电品牌：产品质量过关，做工扎实，设计风格有明显的品牌特色，品牌影响力能留住和吸引很多顾客。

(2) 互联网品牌：产品性价比高，造型时尚、简约、耐看，产品材质价格相对便宜。因为互联网平台的开发和流通，产品有着不错的销量和影响力。

(3) 创业公司：产品具有工匠精神，更有创新意识，但是很难落地。大部分创业公司会与传统家电公司合作，落地产品。

通过调查分析不难看出，人们普遍对空气净化器的认识不够，但是人们的居住环境对空气净化器的需求却非常高。消费者在选择和购买空气净化器时通常最先考虑的是空气净化器的体积；其次是对功能、环保节能和实用性等几个方面的要求。欧美国家的家用空气净化器的特点主要体现在它的开发能力、专利技术和质量上；日本和韩国研发的空气净化器最主要的特点是专业的空气净化技术、强大的研发能力和过硬的产品质量；我国的空气净化器市场主要是以美的品牌为主，其凭借着对室内空气净化器的进一步研究和设计，注重产品的创新和专业性，因此在国内市场上占据一席之地。但是就我国的空气净化器市场发展现状进行分析，无论是开发能力还是产品质量，与欧、美、日等发达国家相比还存在一定的差距，因此研究的任务更加艰巨。

2.5　空气净化器设计要素及原则分析

2.5.1　空气净化器功能分析

空气净化器又称空气清洁器，是对空气中的颗粒物、气态污染物、微生物等一种或多种污染物具有一定去除能力的家用和类似用途的电器。对于家用空气净化器产品来说，净化室内空气是产品的基本功能，产品的触控面板、遥控器、手机 APP 等属于净化器产品的附加功能。为了让品牌的产品更具市场竞争力，各大厂商在空气净化器的基本功能上进行创新，市面上的空气净化器产品也愈加丰富。

空气净化器的基本功能是去除室内空气的 PM 2.5 和甲醛等污染物。在国内大环境的趋势下，消费者的感性需求和产品的理性结构产生了矛盾，功能和用户语言过于生硬，传统的空气净化器功能已经满足不了市场需求，空气净化器附带各种新功能会变得更加常见，如 LG 玺印空气净化器就附加了空气加湿功能。空气净化器附带加湿、香薰、感应温度、除蚊等特殊功能，这些功能的实现离不开技术的研发。

空气净化器的附加功能（如产品的触控面板、遥控器、APP 等）设计影响着用户使用产品的体验，这些附加功能为产品的人机交互体验开拓了更多的创新途径，对用户体验的提升起到重要的作用。例如，小米空气净化器控制面板凭借着简洁的外观和出色的按键赢得了消费者的喜爱。附加功能更具亮点、能更好为用户服务至关重要。

2.5.2　空气净化器结构分析

由于空气净化器的结构会随着造型和原理发生较大的改变，在这里笔者列举了个别品牌的空气净化器产品来阐述家用空气净化器的结构和原理。图 2-2 是某品牌一款家用空气净化器产品的详细参数。家用空气净化器常见的就是被动式滤网吸附空气净化器，图 2-1 所示产品就属于这种。就内部结构来说它分为四个部分，也可以说是四个系统组成。

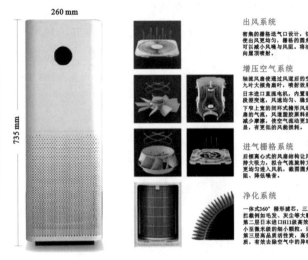

<table>
<tr><td>适用空间</td><td>35～60 m²</td></tr>
<tr><td>颗粒物CADR</td><td>500 m³/h</td></tr>
<tr><td>甲醛CADR</td><td>70 m³/h</td></tr>
<tr><td>最大噪声</td><td>60 dB(A)</td></tr>
<tr><td>最大功耗</td><td>66 W</td></tr>
<tr><td>产品体积</td><td>26 cm×26 cm×73.5 cm</td></tr>
</table>

出风系统
密集的栅格送气口设计，切碎洁净气流，使出风更均匀，栅格的圆角截面设计，可以减小风噪与风阻，将洁净空气均匀地向屋顶喷射。

增压空气系统
轴流风扇使通过风道后的空气得到加速，九叶大桨角扇叶，喷射效果较好，噪音降低。日本进口直流电机，内置驱动回路，可实现无级差变速，风流均匀、稳定。
下窄上宽的闭环式椎形风道，增压通过离心风扇的气流，风道塑胶料经过表面光滑处理，减少摩擦，使空气流动更加顺畅，降噪效果明显，有更低的风能损耗。

进气栅格系统
后倾离心式的风扇结构让风量与风压更大，保持大吸力。拓合风洗旋转方向，切碎气流使其更均匀地进入风机，截面圆角设计，可以减小风阻、降低噪音。

净化系统
一体式360°桶形滤芯，三层净化，初效滤网拦截例如毛发、灰尘等大颗粒悬浮物。第二层日本进口H11级高效过滤器，用于去除小至微米级的细小颗粒，可阻隔杀菌灭细菌。第三层高品质活性炭，高效吸附甲醛等有害物质，有效去除空气中的异味。

图 2-1　某品牌空气净化器内部结构

（1）净化系统：包括滤网和净化模块。有些高级的空气净化器会在这个区域添加负离子发生模块，由于这个区域是污染空气最先通过的区域，因此它在多数情况下都处于进气栅格的部分。

（2）进气栅格系统：这个区域的功能有两个，一是对下方滤芯净化过后的空气进行补充净化，一些高端的产品会在这个部分加入香薰模块，使净化的气体带有香味；二是在离心机的作用下，也就是通过风扇转动产生强大的气流和风压，将净化好的空气送进出风口，同时减少主风扇的工作压力，起到静音和调节的作用。

（3）增压空气系统：这一系统主要是通过电机带动主风扇的转动，将已经净化好的空气从出风栅格喷射出，使空气流动并送达到房间的各个角落。

（4）出风系统：一些家用空气净化器产品会将出风口着重进行设计。出风口主要控制气流的方向及气流的速度，设计美观的出风口会给整个产品加分不少。

2.5.3　空气净化器技术分析

现阶段，市场上主流的空气净化器技术可以根据不同工作原理分为被动式吸附过滤和主动式净化两大类。

被动式的空气净化是利用风机将空气抽入机器，通过内置的滤网过滤空气、粉尘、异味等。这种滤网空气净化器多采用 HEPA 滤网、活性炭滤网、光触媒、紫外线、静电吸附滤网等方法来处理，其中 HEPA 滤网有过滤粉尘颗粒物的作用，活性炭主要是用于吸附异味。

主动式的空气净化与被动式空气净化的根本区别是：主动式的空气净化器摆脱了风机与滤网的限制，不是被动地等待室内空气被抽入净化器内进行过滤净化，之后再通过风机排出，而是有效、主动地向空气中释放净化灭菌因子，通过空气弥漫性的特点，到达室内的各个角落，对空气进行无死角净化。目前，在技术上比较成熟的主动净化技术主要是利用负氧离子作为净化因子处理空气和利用臭氧作为净化因子处理空气。这两种就是典型的基于主动净化原理进行工作的空气净化器。

下面就几种典型空气净化方法加以介绍。

1. HEPA 滤网

HEPA 滤网通过被动的吸附方式，抽取空气，吸附空气当中的颗粒物，以达到净化的目的。这类空气净化器动力的来源主要是风扇旋转，风扇旋转带动空气流动并通过滤网。这种净化的方式适用于室内烟雾的净化，如香烟、油烟机等烟雾。如果用它过滤香烟的烟气，那么过滤的效果几乎可以达到 100%。然而这种净化方式仍然有缺点，即风扇的功率越大，空气流通的速度也越快，净化效率越高，但噪音也会更大，同时 HEPA 自带的密闭性也会产生噪音；当 HEPA 滤网使用一段时间后，净化效率会大大降低，滤网会滋生很多病菌。所以，HEPA 虽然使用了耐用的超细玻璃纤维等高效滤纸材质，但不可避免地需要定期更换（通常为 3～6 个月）以确保效果，这样大大地增加了应用成本。

2. 静电驻极滤网

这种净化方式利用加载静电驻极的无纺布来集尘，具有风阻低、效率高、容尘量大、安全性最高的优点，适用于早期的各个空气净化器，用来清理空气中的浮尘和颗粒物。

3. 臭氧

臭氧消毒的原理是通过高频电晕放电产生大量的等离子体。高能电子与气体分子碰撞，产生一系列物理和化学反应，并激活气体，产生各种活跃的自由基组合物作为强氧化剂，可以在非常低的浓度下完成氧化反应，从而催化、氧化和分解有毒物质及细菌等，直至将它们杀死。

4. 负氧离子技术

负氧离子空气净化器通过直流高压从电极放电，使空气中的气体分子被能量激发，外部电子可以离开轨道形成正离子，自由电子跳出来附着在另一个气体分子上形成负离子，并且负离子与颗粒污染物结合以形成"重离子"，其沉积或吸附在物体的表面上以达到净化的目的。

2.5.4 空气净化器的使用场所和人群分析

室内环境空气污染是指由于人类活动造成住宅、办公室、宾馆、公共建筑物（含各种现代办公大楼）以及各种公众聚集场所（商场、学校、饭店、咖啡馆、酒吧、影院、剧院，广义还包括车、船、飞机等流动室内环境）内化学和生物等因素的影响，引起人体的不舒适，或对人体健康的急性、慢性及潜在损害。确定用户群体和使用场所是产品设计调研分析的重要部分。

1. 老人、儿童、孕妇、新生儿的居所

老人免疫力较低，容易受到室内空气污染的影响；儿童及新生儿容易受到病菌侵害，导致患各种疾病；孕妇长期吸入过量甲醛容易导致胎儿畸形、流产等问题。具有去除细颗粒物、气体污染物、细菌功能的空气净化器能创造安全的生活环境，使之成为居家健康生活的必需品。

2. 有哮喘、过敏性鼻炎及花粉过敏症人群居所

家用空气净化器可以净化空气中小至 $0.1~\mu m$ 的颗粒物，以及粉尘、尘螨、宠物的毛屑、二手烟、花霉菌、细菌、病毒和挥发性有机物（甲醛、苯、二甲苯）等，大大地改善空气环境，使哮喘病患者免受这些污染源的侵害，患者使用后会明显感觉呼吸顺畅许多，同时起到缓解和帮助治疗的效果。

3. 受到二手烟影响的公共场所

公共场所人流量大，经常会有人抽烟，抽烟呼出的气体中会携带大量的污染气体。这些场所使用高压静电集尘的空气净化器，可以有效地去除室内香烟烟雾，同时可以通过水洗达到反复使用的效果，从而降低成本。

4. 饲养宠物的居所

宠物身上携带的一些微生物细菌以及一些难闻的异味和飞散悬浮于空中的动物毛屑使得居家环境容易被污染，采用紫外光触媒高压静电等技术的空气净化器能有效地杀灭这些细菌病毒，去除异味，沉淀毛屑和微粒。

5. 较封闭的办公场所

现在办公室上班族基本就处于一种完全恒温、封闭的工作环境，空气无法很好地流通，长期如此很容易导致头晕、胸闷、乏力、情绪起伏大等不适症状，严重影响工作效率，引发各种疾病，严重者可能会致癌。使用具有新风功能的空气净化

器，可以持续为室内提供净化后的新鲜空气，创造森林般的氧吧办公环境，在办公室也能进行深呼吸，提神醒脑，同时可以提高免疫力，从而提高工作效率。

2.5.5　家用空气净化器痛点分析

在对市场上的空气净化器品牌和功能进行调研和分析以后，笔者发现现有的空气净化器同质化比较严重，产品功能日益全面的同时，用户体验设计往往处于更新的状态，无法跟上产品更新换代的兼容，导致产品的创新力和亲和力大大降低，产品缺乏亮点。同时大部分产品的附加功能过于烦琐，设计语言生硬。例如，用户无法理解睡眠模式、时间预设等语言，大部分的空气净化器 APP 的界面设计粗糙、不简洁，层级关系不够明显，导致了空气净化器的部分功能使用率低，造成功能浪费。

在家用空气净化器的工作效率上，也同样存在着一些不合理的设计。净化的效率伴随着工作噪音的增加，导致了空气净化器在夜晚可能会伴随噪音，影响用户的使用体验，体积小和净化效率低的空气净化器虽然能产生相对较小的工作噪声，但无法起到有效的空气净化效果，以致不能满足多个房间的空气净化的使用场景。

大多数家用空气净化器的净化效果可以通过手机或者控制面板上的参数来查看，但是这种方式显得有些生硬。一些廉价的家用空气净化器产品容易忽视气体味道这一环节，即使是刚刚净化出来的空气，也无法让人感到舒适，有时还会带有奇怪的滤芯味道。空气净化效果无法感知，让用户在使用家用空气净化器产品时容易忽视净化效果，而且滤芯的味道会让用户产生厌烦的情绪。

2.5.6　空气净化器设计原则分析

1. 安全性原则

空气净化器通电时，应该避免与人直接接触。这就对空气净化器的外观提出了要求，在其工作时要保证进风口与出风口的安全性。进风口和出风口是整个空气净化器的灵魂，是工作时最容易观察和触碰的地方，设计时应把进风口和出风口缝隙宽度设计成小于手指的厚度，并且设置成凹进去或者加一层突出塑料层的样式；其次，它的电源线和插头部分要在保证配件质量之外再做一层防止漏电的保护措施。例如，艾柯霖负离子空气净化器的安全性能设置很高，家里如果有小孩玩耍时不小心触碰到机身把机盖打开，或是开机运转时电路短路，机器就会自动断电，防止漏电，确保安全。

2. 贴合性原则

功能性产品除了能够净化空气质量之外，还要考虑它在人们生活中的使用程度，以及与人类普遍的生活场景是否贴合。例如，外观的贴合，由于很多家庭中有小孩，所以设计净化器时外观不能太奇特，既要美观又不能有趣，以避免引起小孩的好奇心去触碰它；体积的贴合，产品设计中节约空间是指节约无效空间，即扩大功能部件与其他构成部件的比值。空气净化器可以做成小体积、大出风口的设计，具体可以参考空调和烘干取暖器的体积。

大多数第一次使用空气净化器的家庭都会选择将空气净化器靠墙放置，因其需要在空气流通的地方过滤杂质来净化空气，所以不能放在角落处，应将产品与墙面保持一定的距离，以便于进、出风口两侧都能保持良好的空气流通性，从而达到过滤空气杂质，排出清洁、干净空气的目的。另外，还需提醒用户注意的是，在空气净化器的周围也不要乱堆放杂物或花瓶等易碎物品。

3. 环保性原则

空气净化器作为净化空气的产品，首先必须具备的就是环保功能。常见空气净化器的净化技术有碳离子吸附技术、正负离子电离技术、催化反应技术、HEPA 高效过滤技术等。由于使用的技术原理不同，在设计时需要考虑的材料选择和生产程序等问题也是不同的。环保性原则换句话说就是绿色设计原则，要求在净化空气的同时尽量不排放有害气体或温室气体。

例如，BIOZONE 锐洁净化器的宣传口号是：为环保和洁净而生。BIOZONE 锐洁净化器具备了五种主要净化功能，这些功能能达到的效果可由不同应用来调节。该净化器综合了五大技术，即光等离子、光催化、深层紫外光、负离子、臭氧。BIOZONE 锐洁净化技术不同于市场上常见的紫外线消毒技术，它附有一种独特的清洗技术，结合光化学和光等离子体清洗技术去除空气和表面杂质。光化学和光等离子之间的相互作用能产生出其独特的净化方法，目前已被科学机构所认证。

4. 便携性原则

最常见的便携式空气净化器为车载空气净化器。便携式空气净化器多为独特的蜂窝式风道结构和多层流线型设计。

便携性原则要求使用方便，内置负离子发生器，清新，充满活力；USB 输入，或者连接网络智能输入；方便，省电；超静音技术，环保节能。便携式空气净化器是一种多功能机器，可净化室外和室内空气，一般还具有 USB 充电和手机支架功能。

便携性原则要求外形美观，具有前瞻性设计，能引领智能生活潮流；还要求机身小巧，携带方便，外观时尚，多功能。

图 2-2 为常见的两种便携式车载空气净化器样式。

图 2-2　常见便携式车载空气净化器样式

5. 智能性原则

现在市面上大多数智能空气净化器采用了计算机技术和移动信息传递技术，它服务数字化、电子化，用户可以对空气净化器产品进行远程操作，还可以进行远程监控和信息实时推送管理，在手机上下载智能家居客户端，打开、关闭或选择服务模式都可以在客户端操作。因为考虑到空气净化器的受众有 30％是老年人，所以家电普遍智能化也能让受众的子女更加安心。中国家庭的户型大多为多房间格局，传统的固定台式净化器无法给整个房间带来室内空气循环，更不能快速、高效地净化甲醛、异味等空气污染。科沃斯沁宝 AVA 智能移动机器人母婴空气净化器在这方面就带来很大改善，如无线巡航移动、120 平方米超大净化空间、避障技术、5 分钟快速切换房间。

图 2-3 为智能移动空气净化器示意图，采用了计算机和移动信息传递技术。

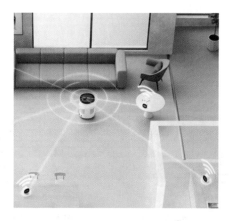

图 2-3　智能移动空气净化器示意图

2.6 "适季"智能空气净化器设计案例

2.6.1 设计思路和基本要求

1. 品牌背景

Suit seasons 中文为"适季",寓意"创造出适合室内季节",定义全新的空气体验。品牌要适当利用元素视觉手法去营造家居感及空气感。让用户在打开空气净化器的同时,也能感受到季节的美好,让用户更加理解"空气"的定义。

本品牌针对当今空气净化器的痛点和用户的需求,通过分析用户的需求和利用新的技术,从简单的净化空气,到创造出真正适合用户的空气。用户虽然看不到"空气",但却能通过产品的功能创新真切地感受到空气,就像置身于不同的四季一般,在每个季节都能享用到新鲜、充满活力的空气,让用户每时每刻体验智能的生活。

除了基本设置外,产品还拥有另外一种全新的模式——情景模式。这种模式通过模拟不同地区的温度、湿度、气味、风速、负氧离子含量等因素对室内环境进行调节,来模拟世界各地的气候,加深用户对"气候"的理解。同时,空气净化器自带的空气加湿功能和空气香熏功能也能配合空气净化器营造出各种不同的场景和氛围。

品牌内容包括 LOGO(见图 2-4)、UI APP(见图 2-5)、品牌衍生插画(见图 2-6)。

suit seasons

图 2-4 品牌 LOGO

Suit seasons·

图 2-5 品牌 UI APP

图 2-6 品牌衍生插画

2. 灵感来源与设计定位

在设计智能空气净化器之前，笔者首先就用户的需求和产品的要求两个方面进行了相关的调查和研究，针对性地进行产品定位，做到心中有数。设计师对产品的设计功能和技术方向设定一个范围，清楚地明白设计的思路，并在思考后能对产品的设计方向有一个清晰的定位。对产品的调研应该始终按照以下七个方面的原则进行。

① 空气净化器是什么（WHAT）？

② 针对什么样的用户人群（WHO）？

③ 为什么要设计这样的空气净化器方案（WHY）？

④ 什么时候使用（WHEN）？

⑤ 在哪使用（WHERE）？

⑥ 如何使用（HOW）？

⑦ 价格多少（HOW MUCH）？

通过熟悉以上的基本内容，我们能够明确设计的基本定位，包括定义出产品的使用环境、使用人群、功能特点等，这有助于发散设计师的思路，发现不足和改进产品，最终通过市场需求和现实的可行性分析对产品进行设计研究。

设计"适季"智能空气净化器时，我们参考了国内外各大网站的设计案例，如图 2-7 所示。再三考虑之后，我们希望营造一种家的氛围，让用户在使用它的时候有一种被"拥抱"的感觉。干净的线条、波点状栅格、圆中带方、层层包裹，惊喜隐藏于简约的外表下。我们只希望能给你一个"舒适的空间"，在这个环境内，你可以忘却一切喧嚣与烦恼，安静地享受休闲的时光。

图 2-7　设计参考案例

3. 方案设计步骤

方案设计阶段的工作核心是创意，是将前一阶段得出的设计定位和产品设计概念具体化。这是产品设计前期必须经历的一个阶段，能大大节约产品设计从无到有的时间，让产品方案更快地成型。

第一步：市场调研，发现问题并思考解决的方案。

第二步：对早期的想法绘制草图，从多个角度进行思考，绘制头脑风暴图，最后得出方案的初步草图。

第三步：根据设计的草图进行三维模型建立，在建立模型的过程中不断改进方案，完善产品的功能结构并渲染效果图。

第四步：根据产品的设计方案，打磨产品细节，设计和制作人机界面，挑选产品的材质，喷漆，制作产品表面肌理，完成最终产品模型的制作。

在整个设计过程中，真正设计和制作产品的时间花费并不多，关键在于产品设计细节的打磨和人机工程方面的调整，要从用户体验的理论出发满足用户的需求体验。

2.6.2 产品设计方案流程

前期方案：我们准备将其设计成圆柱形（见图2-8、图2-9），1.0版本在外形上更多的是给人一种柔和的感觉，拥有基本的功能，包括香熏、加湿、分体净化。APP设计得相对简单，但在架构及层级上已经趋于完善（见图2-10、图2-11）。2.0版本是在1.0的基础之上更加地精细化。

图 2-8　前期方案

图 2-9　前期方案

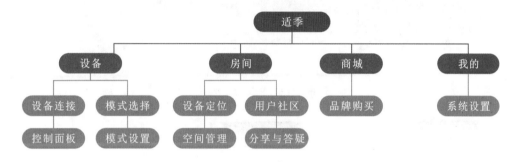

图 2-10　交互流程图

图 2-11　UI 界面展示图

　　最终方案：外观采用简约大方的方体形态，给人自然流畅感，三段式分体结构能满足不同使用场景的需求，提升用户的体验感和方便性，具有较强的实用价值，为用户营造一个舒适的生活空间。

　　"适季"品牌的方案效果图如图 2-12 所示，其分体工作状态图如图 2-13 所示。

1. 创新点分析

　　通过前期的调研，结合现有的功能和"适季"空气净化器的用户体验创新设计理念，我们在空气净化器的结构和功能上进行了创新，主要体现在以下方面。

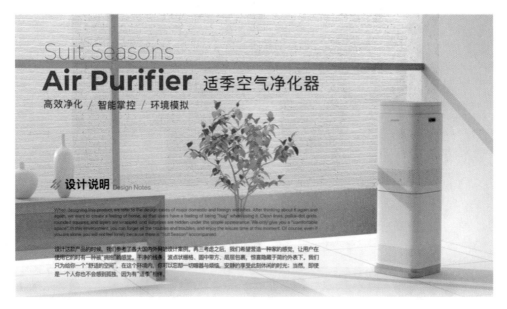

图 2-12　方案效果图

图 2-13　分体工作状态图

（1）分体式模块化结构设计。

市面上的空气净化器绝大多数都是个体，很少有分体式的空气净化器。一个家庭往往会有多个房间，单独的空气净化器满足不了同时净化多个房间的作用，所以在净化器的结构上决定采用模块化的设计结构。每个部件可以单独使用，结合在一起时可通过无线接触式触控方式进行充电。

（2）产品的多功能设计。

将空气净化、加湿、熏香和制氧等多个功能结合在一起，丰富空气净化器的功能，每个部件分为不同的模块，可以独立出来使用，也可以结合在一起使用，共同营造一个良好的室内环境。

（3）用户体验设计功能的创新。

当空气净化器的每个模块结合在一起时，每个部件协同合作，营造和模拟出不同环境下的空气。用户在使用产品的过程中，对"空气"概念的理解更加深刻。同时空气净化器上的传感器能自动识别用户的状态和室内空气质量的情况，自动营造出符合用户需求的空气状况。

2. 造型特点

除了在空气净化器功能和用户体验上创新以外，产品的外观也需要满足用户的审美需求。对产品实施外观设计主要是对产品进行有效的设计，使其具备装饰性特点和较高的美观度。因此，在进行产品外观设计时，可以在其中合理地融合立体性、平面性等多种因素。在空气净化器的外观设计上，要注重主体视觉简约、大气的效果，辅佐构成感的细节更能吸引消费者注意。因此，基于用户的审美要求，需要在外观上突破创新，防止出现市面上空气净化器外观千篇一律的现象。同时，在设计空气净化器外观时应该尽量让其具有独特吸引力，而且要简约、大方。

"适季"空气净化器整体上为圆角矩形柱结构，采用三段式：最上层是加湿器模块（见图 2-14），可以单独拿下使用；下层为上下分体空气净化器主体，采用塔式设计，从正面和左右侧面进气，顶端出风；内置高效吸附滤芯、负离子模块、熏香模块（可以拆卸更换，见图 2-15）。当上下层空气净化器组合在一起时，净化效率约为单个净化器的两倍（见图 2-16）。当加湿器模块组装位于顶端时，空气净化器拥有加湿功能。当三段组合一起时，可以选择 APP 内置的环境模拟模式。

图 2-14　加湿器模块

图 2-15　熏香模块

3. 产品 CMF 分析

CMF（Color-Material-Finishing）概念是工业设计（ID）的细分，C 代表颜色，M 代表材料，F 代表工艺，在家电行业，还可以加一个 P（图案）。CMF 设计是产品造型设计中重要的一环，如何让造型更好地表达和传递是设计师需要着重考虑的因素。在产品造型已经无法再进行修改的前提下，通过改变颜色、材料、工艺等因素使产品能够达到一种全新的效果。浏览国内外著名空气净化器官方网站，以及购物平台、相关文献、书籍，走访线下实体店，实现空气净化器 CMF 设计要素解析，建立最终的 CMF 样本库，以问卷调查的方式获取相应颜色、材料工艺等 CMF 要素

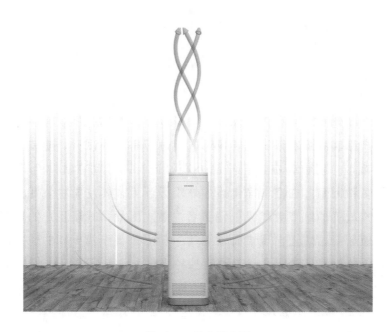

图 2-16　组合状态图

与感性意向词汇的关系，其中正向意向词汇用"＋"表示，反向意向词汇用"－"表示，结果如表 2-6 所示。

表 2-6　CMF 要素与感性意向词汇的关系

CMF 要素		No. 1	No. 2	No. 3	No. 4
颜色	黑色	＋	＋	＋	＋
	白色	＋	＋	＋	＋
	绿色	＋	＋	－	＋
	蓝色	＋	＋	－	＋
颜色	灰色	＋	＋	＋	＋
	黄色	＋	＋	＋	＋
	紫色	－	－	＋	＋
	粉色	＋	＋	－	＋
材料	合金	－	＋	＋	－
	板材	－	－	－	＋
	塑料	＋	＋	－	＋
工艺	长方体	＋	＋	＋	＋
	圆柱体	－	－	＋	＋
	球体	＋	＋	－	＋
	圆台	＋	－	－	－

综合上述结果可知，黑色、白色、灰色和黄色具有很好的普遍适用性；合金在安全性方面有很大的优势，但是由于重量和触感等原因，表现为不太便捷，因此主要材料还是塑料。"适季"空气净化器的设计理念决定了它的"白色家电"属性，想要营造出家庭温馨的感觉，细腻的白色哑光塑料一直是各大电器生产商惯用的表面处理方法，这其中我们最常见的就是小米家电、无印良品这两个品牌，它们所生产的产品没有很多点缀，讲究的是材质本来的色彩和质感。乔布斯曾说过"白色和月亮灰色才是产品该有的颜色"，因此我们采用了大量的白色和不同的灰色作为产品的外壳颜色，哑光的表面处理更能体现出原生态的感觉。暴露在最外面的主要以亮灰和中灰色较多，没有三种颜色之外的其他颜色。当你移动空气净化器时，你会看到所有的出风口是采用的深灰色哑光塑料，面积比较少，但是起到了点缀和丰富层次的作用。

2.6.3 产品方案细节优化

"适季"空气净化器的顶部是操控面板（见图 2-17），附带了产品的基础功能设置。操控面板的按键设计成突出的 ICON 按键，让产品的顶部视觉更完美，看起来更像一个整体。产品的侧面上半部分是显示面板，在不使用时显示面板处于关闭状态，操控面板隐藏；在打开空气净化器后会显示当前的模式和数值。净化器正面如图 2-18 所示。

图 2-17 净化器操控面板

图 2-18 净化器正面

1. 产品的加湿器模块设计

加湿器是空气净化器常见的附加功能。本次设计的模块化空气净化器中，其加湿器模块可以从空气净化器中分离出来单独使用，在空气潮湿时干燥空气，在空气干燥时可以作为加湿器使用。顶部的点状孔可以扩大加湿空气或者干燥空气的范围。图 2-19（a）、（b）为净化器的爆炸图和加湿器模块分离图。

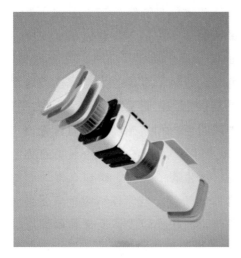

(a)爆炸图   (b)模块分离图

图 2-19   爆炸图和加湿器模块分离图

2. 产品的空气净化器模块设计

在出风口的设计上，考虑到产品的稳定性，把空气净化器的核心部分——风机放在底部，进出气方式为上进下出，污染的空气经过上方进气口，经过不同过滤模块，形成新鲜的空气从下方出风口吹出，依此循环。

3. 产品的模块功能组设计

本产品的模块功能组隐藏在空气净化器内部，每个模块功能组内部设有不同的香熏模块、制氧模块、活性炭模块等功能模块，模块可以根据用户的喜好定制，大大增加本产品使用的自由空间。从底部净化的空气通过这些模块达到升华空气的目的。图 2-20 为产品模块及其组合透视图。

4. 产品尺寸确定

我们通过市场调研，根据用户普遍喜好将本产品设计成如图 2-21 所示的尺寸。

5. UI 界面设计

用户体验是指用户在使用产品或者享受服务过程中所建立起来的综合性感受。空气净化器产品设计附带用户界面设计，用户可以使用移动端的手机应用对产品进行遥控和设置。通过用户调查，发现空气净化器产品的遥控器和 APP 的痛点如下。

（1）遥控器的语言对一些理解能力偏弱的人群不友好，如用户不能很好地理解"送风""抽湿"等名词。

图 2-20　产品模块及其组合透视图

图 2-21　产品尺寸图

（2）部分产品功能使用率偏低，使用频率不高造成功能的浪费。

（3）用户对"空气""温度"的理解不够清晰。

（4）部分 APP 控制界面逻辑不够清晰。

针对现有的问题，笔者提出了以下改进方向。

（1）加强用户产品控制的接受程度，对产品功能层级关系进行简化和归纳。

（2）通过模拟适当的场景，加强用户对"空气"这一概念的认识，为用户提供更加智能的决策。

（3）把声控和人工智能技术更好地融入产品的操控中。

（4）对空气净化器功能的使用频率和用户的习惯进行分析，优化用户的使用步骤。

6. 空气净化器界面视觉设计及使用场景

人机交互图形化用户界面（graphical user interface，GUI）设计主要有七个设计要素：形状、色彩、字体、动效、肌理、版式、材质。不同特点的 APP，有不同侧重点的设计要素。移动端交互可视化界面设计能使用户产生心理和生理上的共鸣。设计师合理地去统筹整个界面系统的布局和设计方案，可以引起用户的注意力并感染用户，所以产品界面的设计显得尤其重要。图 2-22 是空气净化器手机 APP 界面的视觉设计图。

（1）日常模式：每次打开空气净化器我们都会频繁使用一些功能，将这些常用的功能进行整合和简化，以一种最简单的逻辑和视觉呈现，用户可以非常轻松地打开 APP 对空气净化器进行日常操作。

（2）空气模拟模式：该模式下，用户可以通过空气净化器内置的净化器、制氧器和熏香模块来自定义室内的空气状态，模拟世界各地的空气，提供高质量的生活。

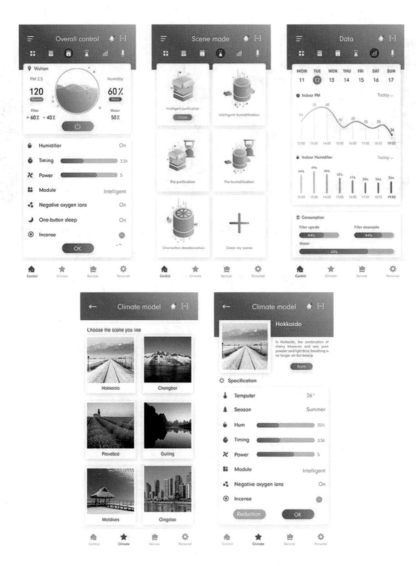

图 2-22 空气净化器手机 APP 界面的视觉设计图

（3）用户习惯：通过用户使用产品的时间和大数据的分析，APP 可以推断出几个实用的场景，用户可以轻松地设定不同的场景来达到简化产品使用步骤的目的。

（4）智能语音模式：人工智能技术的应用实现了产品与人的沟通，能更快、更方便地对空气净化器产品进行控制。

（5）数据：记录产品的使用过程和数据，更好地辅助用户使用产品。

（6）层级关系：UI 通过清晰的层级方式，以功能卡片的方式呈现，对复杂的产品功能进行归纳和简化，加强用户产品控制的接受程度，对产品功能层级关系进行简化和归纳。"适时"牌空气净化器 APP 层级图如图 2-23 所示。

空气净化器的使用场景如图 2-24 所示。

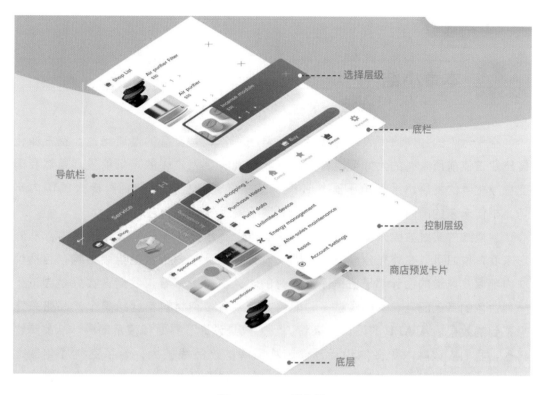

图 2-23 APP 层级图

图 2-24 使用场景

2.7 本章小结

空气污染的加剧迫使人们重新审视环境问题，还有自身的健康问题。空气净化器产业正值前所未有的大好环境，尤其在我国拥有更为广阔的市场前景。虽然我国空气净化器的发展水平相较于国外还有一定的差距，但是我们拥有庞大的国内市场，相信未来的国内空气净化器产业也充满了前所未有的机遇。

从最终的实践方案来看，"适季"空气净化器还存在一些待改进的地方。从外形来看，依旧可以在外壳分模、内部模块设置上设计一些可行的组装结构，包括模块内部以及风道的设计都是值得深入探讨的。从材料上来看，我们这次只是尝试了一种白色的基础配色，其实尝试多种配色方案或者多种材料都会给整个产品带来意想不到的效果。从 APP 的设计上来看，我们只是设计了界面和演示动画。从品牌物料上，我们应该融入更多的设计理念，将品牌的产品线扩大，除了空气净化器之外，相关的系列智能家电都可以做衍生推广，这样产品的品牌属性就会得到进一步的认可。

 思考题

1. 用户体验的意义是什么？它分哪几个层次？
2. 用户体验的影响因素有哪些？试分别论述。
3. 市场上主流空气净化器的技术有哪些？
4. 空气净化器的设计原理是什么？
5. 试论述 CMF 的概念及其代表的意义。

扫码做题

第3章 深紫外杀菌器设计

当下与病毒抗衡的持久战再次敲响了人们内心的警钟，让人们重新审视健康的价值和意义，也开始注重室内家居环境的净化、灭菌。人们对健康生活的标准越来越严苛，传统的物理杀菌方法已经难以满足人们日常生活中的杀菌需求。杀菌产品的需求量持续上升给深紫外杀菌产品提供了一个很好的发展机遇，一时间市场上相继出现了各式各样的杀菌家电产品，但是其中一些产品存在功能单一、杀菌方式烦琐、多空间不能够同时工作，以及无法实现无接触式杀菌作业等痛点问题。随着用户需求的不断升级，杀菌家电需要承载更多的产品类别，因此未来为了用户在日常生活中能够享有无接触式杀菌体验，设计出一款杀菌家电产品就显得尤为重要。

整合设计是依据设计者对产品问题的分析和判断，并参照人类的生活质量和社会责任等因素，在日益激烈的市场竞争下发掘出更具优势的解决方案。本课题针对上述问题，以整合设计理念为基础，结合对整合设计产品的现状分析，利用 SET-FAHP 集成研究方法对用户需求指标进行准确定位和提取，研究开发集深紫外杀菌、空气净化、光触媒除异味功能为一体的杀菌家电产品。

3.1 引言

3.1.1 设计背景

近年来，深紫外领域新产品的开发和应用成为行业关注的主要热点，深紫外与传统汞灯相比具有瞬间点亮、耗电量小、环保等优点。尤其是伴随着《关于汞的水俣公约》生效，采用深紫外这样既环保又节能的高效光源参与研发，将成为势在必行的主要技术潮流，深紫外衍生产品的渗透率将持续提高。

在产品设计上，充分利用产品的使用价值能够将单一的产品多功能化，把相关联的产品功能进行有效的整合，利用能源的最低消耗来实现功能的多元化，促进产品的可持续发展，同时也可大幅度提升物质资源的利用率。利用整合设计的方法把单一无序的元素组合在一起，并最终形成产品与功能之间的有效互偿。

随着社会经济的快速发展，人们的生活节奏变得越来越快，所有的一切都讲究高效率运作。一方面，家电产品正在从可有可无的"选择品"转变成为人们生活中的刚需品；另一方面，技术的革新和诸多产品的不断研发和细化加快了产品本身或者类别的不断更新迭代，产品类别的多元化推进了消费需求的多元化，也导致了消费者在选择不同功能家电产品时需求弹性增大。

深紫外光源具有体积小、耗能少、无二次污染等优势，便于设计和应用；深紫外光源不含汞，安全性能稳定，不会对人体产生有毒物质，杀菌效率极高。这些优点对研究开发深紫外家电产品（杀菌牙刷、杀菌马桶盖、杀菌餐具、婴幼儿哺乳瓶、私密衣物、除螨虫装置、水体杀菌等）非常有用。

3.1.2 设计目的及意义

设计在当今社会已成为人们解决问题的核心技能，以往为了得到更加客观、科学的设计参考，主要针对设计研究的方法和设计表现工具进行不断的优化。一个好的产品的问世，需要设计师们足够灵活地面对复杂多变的用户需求，并意识到合作设计与资源整合的重要性。设计会朝着多元化、整合化、可持续的方向发展，而整合设计的运用对产品设计领域乃至人类社会发展都起到极大的促进作用。

本章基于整合设计理念的科学性及严谨性，对产品功能整合进行价值分析和判断，结合用户对深紫外杀菌产品的准确需求，有效避免最终产品的客观性能与用户的需求分离，做到最大程度地满足不同层次用户的需求。

从企业的角度看，通过对深紫外杀菌产品功能整合的合理性进行探讨，既顺应了家电市场的发展趋势，又能够在满足用户核心需求的前提下让资源得到有效利用，激发产品更多的附加价值，加速杀菌家电向生态家电的方向可持续发展。

从用户的角度看，大多数情况下，用户在使用多功能产品时，对此产品的各项功能是否真正地符合自己的实际需求其实是很不明确的，会造成一些功能的闲置，甚至还可能影响到其他功能的使用。对杀菌家电产品进行合理的功能整合，可以给用户提供更高效、安全的无接触式杀菌体验，及时提醒用户合理消费。

从设计者的角度看，一个多功能产品的功能必须是一个递减层次的存在，拥有一个主要功能，其余为辅助功能，主要功能可以呈现产品的最大价值，是方便用户购买时识别自我需求的最主要功能，辅助功能要尽可能地贴合目标用户的需求。深紫外杀菌产品的功能整合设计丰富了杀菌家电设计的多样性，结合深紫外杀菌产品设计原则，在一定程度上对深紫外杀菌产品设计提供了参考价值和依据。

3.1.3 国内外研究现状

国外整合设计的意识比我国要早，美国博士 Kristin L. Wood 以及 Robert B. Stone 将整合设计看作是一种多模块的体系集合。我国的整合设计仍然处于较初级阶段，对产品功能的研究大多止步于追求功能完好及最大理想化功能范畴。国内关于产品整合设计的研究虽然有案例，但仍然不够全面、深入，其中一些学者的相关文献表现出整合设计在各个领域的应用。例如，彭卉在《基于整合设计的小户型多功能家具设计研究》一文中使用了整合设计的概念，对多功能家具的设计进行了研究展望，使得家具功能更加合理且多元化；王雪的《中国现代厨房用具整合设计研究》一文参考当下厨房用具的设计现状，运用整合设计理念和方法对厨房中常用的电器、用具等进行合理的功能重构和整合，实现厨房家用电器等产品的系统化；学者林小琴的《小家电产品功能整合设计合理性研究》从消费者的需求和认知的观点出发，分析小型家电产品功能整合的界限；吴江的《共生式产品整合设计研究》一文中对产品功能有过深的研究，但是关于产品功能的整合设计的研究并不充分。

目前市面上很大一部分深紫外杀菌家电产品的研究重点主要集中在产品性能的舒适性、使用功能的安全性和稳定性，以及产品外观形态的美观性等方面，以此来实现功能价值的最大化，同时将用户体验和心理需求加入设计，更进一步优化设计方案。就杀菌家电产品而言，关于产品功能整合设计的研究很少，图 3-1 所示是一款家用智能奶瓶烘干杀菌锅（母婴用品领域），其目的是给宝宝用品进行彻底杀菌消毒，整合设计理念体现在将烘干和杀菌功能进行了整合设计，同属性的功能整合使得产品本身更加丰富。

图 3-1　智能奶瓶烘干杀菌锅

结合前期产品调研和以往理论研究，笔者认为整合设计在杀菌家电领域一定具有深入研究和发展的空间。本章将从挖掘用户需求的角度出发，参考整合设计理念和合理科学的设计原则，针对深紫外杀菌家电产品功能进行整合设计。

3.1.4 设计创新点和思路

以用户核心需求为出发点，依附产品功能整合设计的科学性和合理性，将相关产品功能整合理念应用到杀菌家电的功能设计研究中。通过对市场和社会趋势的考察，利用 SET-FAHP 集成模式将产品功能整合的有效途径进行归纳，在满足目标用户的生活方式和不同地域环境特征的前提下，基于相关功能整合的设计原则，合理定位产品主次功能，简化操作难度，明确杀菌家电产品功能合理整合设计的必要性，为产品整合设计提供内在驱动力，也为深紫外杀菌领域其他产品创新提供研究思路和参考价值。

首先，要对整合设计理念进行基础研究，通过调研总结来证实整合设计理念对产品设计的重要性。同时结合市场调研，了解市场上的深紫外杀菌产品，分析设计现状及问题产生的原因，提出产品在功能上能够合理结合的展望，并在相应研究理论的基础上，推进实现产品功能整合设计目标。

其次，通过对社会趋势（S）、经济动力（E）和先进技术（T）这三个方面的综合分析，得到有效的用户需求关键词。关键词的分析及量化以满足高效、安全杀菌体验为设计目标，有机组合各种价值要素，明确产品设计实践的方向性。利用 SET分析用户对产品的需求关键词，结合 FAHP 对产品需求指标的权重进行排序，排序结果作为后续产品设计方案的参考依据。

最后，基于产品功能整合研究结论，设计出一款有"温度"的深紫外杀菌产品。

3.1.5 研究方法

（1）文献研究法：利用学校图书馆资源、CNKI 知网和电商平台，广泛调查整合设计产品和深紫外家电产品的研究状况，理解并分析理论知识，学习 SET 和FAHP 分析法。

（2）问卷调查法：对样本对象用户定量实施多个问卷调查，理解用户的需求，详细记录并整理结果。

（3）访谈法：用户采访的对象主要是从用户群中进行定性筛选，详细记录并整理采访的内容，便于分析调研结果。

（4）理论联系实际：对深紫外杀菌产品合理定位其主次功能，扩大产品的应用场景，满足目标用户使用需求，为后续研发提供可行性参考。

3.2 产品整合设计及深紫外杀菌原理

3.2.1 整合设计概念及特点

整合思维的概念是由德国斯图加特国立视觉艺术大学的 George Teodorescu 提出的，他认为整合设计就是深度发掘用户生活中各种可能出现的问题和需求，因此提出系统化、合理化的设计解决方案。整合设计把原本混乱无序的个体或同类功能元素进行组合，强调在设计过程中的协同与合作，从整体角度看待产品问题，避免有时过于关注产品局部问题而产生局限性，以此实现资源功能有效的整合利用。

产品的整合设计象征着产品与产品本身、产品与环境、产品与用户呈现出逻辑密切的关联性。根据用户的需求点，采用整合设计来优化产品，进一步提高产品价值及用户体验。涉及产品本身，整合内容可以分为产品功能和产品形式两部分，其中产品功能的整合设计是将产品分解成多个模块，在各个模块发挥作用的前提下，采用整合设计的方式使产品的各模块之间相互协作，同时各模块也可以执行各自的特定功能，以形成全新的、和谐的整合系统。

当今市场运行的实现机制是面向用户的市场机制，意味着由产品设计产生的市场机制需要根据用户所需进行设计。产品瞬息万变，要做出一款满足用户需求的产品，应该在以往产品实用功能、物质价值和一般服务的基础上进行优化，以促进实用性和美学、对象和角色、虚拟和现实、精神和物质价值等多方面因素优化，具体表现在以下三种特性。

1. 产品功能多样化

整合设计将充实产品自身的功能作为基础的出发点，使产品实现多功能的转变，但不能仅仅为了多功能而整合，如果将没有关联性的功能强加在一起就会显得很生硬。我们认为对杀菌家电产品的整合设计所要达到的目的不仅是产品功能的多样化，而且要根据产品的使用方式和使用状态，使主要功能和辅助功能之间呈现协调性，让每个功能都能相互独立、相互协调。这种统筹思量下对杀菌家电产品的整合设计是和谐并且完整的。

2. 产品空间集约化

杀菌家电产品作为家电行业中较为新兴的细分领域，在琳琅满目的家电市场，给消费者带来选择性的障碍。产品整合设计是将同类型或者不同类型间的产品整合在一起，尝试做到一机多用来节省空间和成本，甚至能够把原来多个产品在室内多个不同的空间才能实现的功能，转变成在一个产品上就能够完全实现的多功能，实现空间集约化，促进其他空间的进一步扩展使用，有效地提高了空间利用率。

3. 产品可持续发展化

在这个可持续开发越来越受到关注的时代，产品可持续设计需要对能源不足和资源不足担负一定的社会责任。整合设计代表了可持续开发状态，设计的整合能够使资源得到充分利用，还可以避免在使用过程中不必要的冗余材料支出和资源消耗，达到最大限度地节约成本的目的。同时，人们可以形成自然可持续发展的概念，引导人们进行可持续消费的行为，促进人与自然的和谐发展。

3.2.2　产品整合设计的内涵及功能整合设计

21世纪的产品市场竞争中，日益丰富的物质生活让消费者渴望更加便捷化、智能化、功能化的产品。更多企业和设计师为了在日新月异的市场中找到合理定位，不断运用整合设计方法进行产品迭代和循环升级。赋予功能整合的产品在一定程度上能够延长产品的使用寿命周期，缩短产品开发周期，降低产品设计难度和成本。产品整合设计与传统意义上单一细分功能的产品设计相比，需要考虑各个功能之间的合理界限，寻求目标产品同属性相似特征和共享组件。因此，产品整合设计必须以整合设计的理念为依据。基于这种需求，我们认为将整合设计理念应用于深紫外杀菌家电产品设计中，是为了探索适合产品综合设计和研究开发的新思路，并引导企业走向具有特定指导意义和实际应用价值的产品系列化道路。

产品功能整合设计不仅指功能整合，还需要把产品所涉及的模块及组件作为一个完整的系统来看待，在整合设计理念的指导下处理整合问题。人、机、环境三者之间相互影响、相互制约，同时具有相互增益的关系，也是影响产品功能需求的重要因素之一。产品的不同功能在整合过程中不单是产品与产品的整合，也是人的需求与产品的整合，产品与市场需求的整合。在考虑人的需求与产品功能整合时，必须从科学的观点出发，充分研究人的行动、心理和生理等方面的因素，通过产品的改善和革新来促进"新物"的产生。

整合设计是解决产品问题的一种系统方法，具体体现在产品功能上，整合设计表现为整体看待产品各个功能的作用，确保每个功能都可发挥其相应的价值。同时确定主次功能结构，排除不必要的功能，创新附属功能，实现功能整合设计的主要目的。

用 F_A 代表用户的功能需求 A 所产生的功能，定义 F_A 为基本功能，F_B 为用户

的功能需求 B 所产生的功能。产品功能整合是将不同用途的功能，或属性不同但存在一些关联性的功能整合于同一产品上，F_A 与 F_B 是功能属性不同的产品的基本功能，F_A 与 F_B 的功能目的不同，所反馈出的用户需求也不同。

如图 3-2 所示，产品功能整合更多的是横向思维下的产品功能资源的合理整合。以杀菌家电产品为例，明确用户的需求是享有更高效、更安全的杀菌体验的同时拥有良好的室内空气环境，因此对杀菌家电产品而言，深紫外杀菌作为产品的基本功能 F_A，与基本功能 F_A 属性不同的功能 F_B 则可以是净化功能、除异味功能等。功能整合是将这两种不同属性的功能整合于同一产品上。

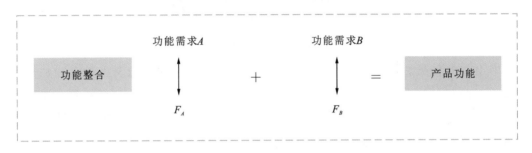

图 3-2　产品功能整合关系图

3.2.3　整合设计案例梳理及合理性设计原则

1. 区分不同使用对象需求

每个用户的产品功能需求都不同，需要考虑不同年龄、职业、性别的用户的需求，以用户为中心推进设计。图 3-3 所示是一款海尔多功能辅食机，婴幼儿更需要吃有黏性的食物锻炼吞咽能力，因此产品整合了蒸、煮、搅拌等功能，蒸煮部分也整合出功能分区。蒸的食物能最大限度地维持食品营养成分，避免食品营养损失，蒸好的食物放入另外的盒子中进行搅拌，变成泥糊状，方便宝宝吞咽。另一方面基于对老人特殊生理需求的思考，机身外侧采用点触式操作显示屏，轻按"搅拌"按键，松手即停，老人单手抱着婴幼儿也能够轻松地操作。

2. 合理简化操作难度

当用户面对新产品时，他们最初考虑的问题是"这是一个什么样的产品"和"怎么使用这个产品"。用户通过了解产品的外观、手感、功能，调试必要的操作方法和工作方式来适应新产品，绝大多数用户在不断的尝试中逐渐熟悉和理解产品的使用方法。多功能产品的语义传递必然比单一功能产品的更复杂，这也意味着多功能产品也比单一功能产品更难操作。

图 3-3　海尔多功能辅食机

例如多功能微波炉的设计，现代微波炉的功能并不像传统意义上的食物加热那么简单。除了加热食物，它还增加了烧烤、制作爆米花、蒸煮等多项功能，这些功能的加入也提升了微波炉用户操作界面的复杂性，尤其针对老年人而言，此时正确的操作指示和简约的面板就显得十分重要。设计者需要向用户提供最适合操作的界面提示，在操作界面和使用方法上引导消费者，然后合理地分类产品的操作，并对其进行整合和简化。另外，设计者会有意将不常用的功能置入比较隐蔽的地方，有意把常用的功能键放大或者用不同的形态语义表示，并将其设置在方便用户操作的显眼位置，对实现命令的功能键进行合理简化，避免用户混淆。设计者在进行产品整合设计时必须重点考虑这些问题。

3. 具有相同的工作原理

对于产品整合设计来讲，产品的基本功能和辅助功能既是相关的，又是各自独立的。这些可以合理组合的功能往往是通过同一种技术实现并发挥作用的，在相同工作原理的支撑下，能够转换为合理搭配的另一种功能，在保证产品质量的前提下，对整体产品技术而言也不会存在过度负担，比较容易实现产品多功能的优化升级。例如飞利浦空气炸锅，它采用高速循环热风技术，实现烘焙、电烤、沸煮、油炸等各种功能，只需少量或无需食物油就可以烹制出健康美味的食物，满足了那些喜好清淡、少油脂食物，但仍然需要从肉类中获取蛋白质等营养元素的人们的需求。

4. 满足目标用户的生活方式

设计可以改变人们的生活方式，生活方式的不同也会影响产品功能的设计，在设计产品功能整合时应考虑到这一点。例如亚洲人喜爱吃米饭，欧洲人习惯喝浓汤，所以在食材的处理上，图 3-4 所示的这款 KitchenAid 多功能料理机能够一机多用，结合打蛋、绞肉、切片、切碎、搅拌等功能，满足更多用户饮食喜好的选择和生活方式的需求。

图 3-4　KitchenAid 多功能料理机

5. 考虑地理环境的区别

地理因素也影响着产品材料和功能的特定要求。不同的地理环境有不同的气候和生活环境，对产品功能的要求也不尽相同。南方的春季比北方湿润，所以便携杀菌干衣机在南方很受欢迎。在功能开发方面，便携杀菌干衣机已经从最初的加热除湿，发展到冷却除湿，再发展到调温除湿，以满足南方春季空气由潮湿寒冷到温度略高的变化。如图 3-5 所示，便携杀菌干衣机集成了烘干和深紫外杀菌功能。南方春天阴冷潮湿的天气使衣物更加寒冷潮湿，因此，在便携杀菌干衣机中追加了衣物干燥功能，可以迅速进行衣物的预热和干燥。这个案例说明在考虑整合产品功能时需要考虑不同的地理环境和产品的受众人群。

图 3-5　便携杀菌干衣机

3.2.4　整合设计理念的建立

虽然产品整合不是决定一个产品或企业成败的唯一因素，但我们通过查阅大量的文献和调研，分析整理出一些具有代表性且完整性的案例，证明了整合理念和宏观思考对复杂产品的设计具有重大意义。

如表 3-1 所示，整合思维与传统思维最本质的区别是，前者更加寻求一种合理化、多维度的解决方法。我们研究了各种各样的设计思考的理论，明白了无论怎样的问题都不能用一成不变的方法去复制解决。这进一步说明，解决问题的方法一般是为了解决实际问题而产生的，但也有失败的情况。针对更加复杂、多样的产品设计研究，即使设计的流程和方法不断被更新和重复，但是反复思考产品的多种组合可能在任何产品的构建中都是有价值的。产品项目的诞生，需要以更开放、宏观的视角来看待，这种思考就是整合设计思维。

表 3-1　整合思维与传统思维的对比

类型	确定因素	分析因素	构思解决	提出方案
传统思维	浅层次的相关因素	单一的、线性的	按顺序解决问题	选择合适的方案
整合思维	浅层次和抽象的相关因素	多维的、非线性的	从整体角度思考问题	融合多种可能性

3.2.5　深紫外杀菌原理及特性

1. 科学定义及技术原理

大自然中波长为 100～400 nm 的光称为紫外线，根据波长的不同，紫外线分为三种，如图 3-6 所示，分别是长波紫外线、中波紫外线和短波紫外线。其中，短波紫外线就是深紫外线，能量巨大，深紫外杀菌原理是在初始阶段破坏细胞的 RNA（核糖核酸）与 DNA（脱氧核糖核酸），斩断其化学链结，细菌细胞或病毒就会失去繁殖能力而死亡。

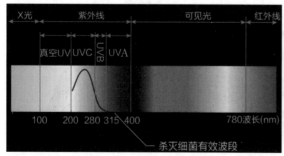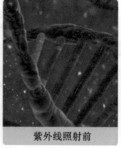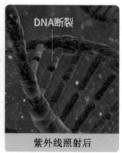

图 3-6　紫外线有效波段及杀菌原理

新型冠状病毒被确认为是一条带有外套膜的单股 RNA 病毒，所以深紫外光是可以杀死新型冠状病毒的。早期的紫外线低压汞灯也使用了紫外线杀菌，但是紫外线汞灯的尺寸大、耗能高，产品便携性不强。反之，深紫外光源产品尺寸小，无需预热就可以立即展开工作，所以我们选择深紫外光源用于家用杀菌产品设计。

2. 紫外线消毒技术发展趋势

紫外线杀菌消毒的原理是利用对应波长的紫外线去瓦解微生物机体细胞中的 DNA 或 RNA 的分子结构，从而切断它再生的能力来达到消杀的效果。紫外线消毒技术是在现代防疫学、医学和光动力学的基础上，针对病毒细胞强有力的、长寿命的 UVC 短波紫外线消毒技术而形成的技术，通过均匀且充分的照射后，将人们在日常生活中常见的细菌或病毒消灭干净。紫外线技术的发展有着非常长的一段时期，人们已经对这门技术进行过充分的研究，时至今日紫外线消毒技术已经非常成熟。

紫外线消毒可以说是各种消毒手段中最为便捷、高效的一种方式，并且有着众多的优势。

（1）紫外线技术相当成熟，所以紫外线消毒产品适合做功能或形式上的大胆创新。

（2）紫外线消毒产品的内部构造十分简单，所以紫外线消毒产品的成本不是很高，而且产品的附加值有很大的提升空间。

（3）紫外线消毒产品已经能够做到足够便携、静音，而且占用很小的空间就能达到很高的利用率。

（4）紫外线消毒产品具有足够的安全性，能随身携带。与其他一些医药类消毒产品相比，在携带时不用担心紫外线消毒产品像其他消毒产品那样，具有易燃性、易爆性，或是腐蚀、剧毒等安全隐患。

（5）紫外线对多种病毒、细菌都有极高的消杀效率，只要紫外线照射消毒物品的波段、距离、时间足够，就能在一定程度上消灭病毒、细菌。例如当下横行的新型冠状病毒能够被紫外线消灭；日常生活中常见的乙肝病毒，如果它在沸水中，能够生存 20~30 分钟，而且不能保证将它们彻底消灭。与沸水消毒方法不同的紫外线通过破坏病毒细胞中的 DNA 或 RNA 的分子结构，可以在短时间内对病毒进行彻底消灭，从而达到更加高效的杀菌。紫外线在当下的所有消毒手段中能消灭细菌的种类也是最多的，几乎所有种类的病原体都会直接被它消灭或者影响。

紫外线消毒的方式可以极大提升我们消毒的效率与体验，这也使得紫外线消毒产品成为当下最热门的防疫产品。疫情暴发使消毒防疫成为常态化，紫外线消毒更是成为一种可供人们选择的消毒方式。消毒行为如何融入生活将成为未来人们生活方式的一大新变革。

3. 深紫外光源的特性及优势

（1）深紫外光源的特性。

发光效率：一般指的是深紫外线外部量子效率（EQE）和提取效率的积。内部量子效率（IQE）主要与能带、缺陷、杂质、外延晶圆材料及器件材料的结构有关。设备的提取效率是指吸收、折射后在设备内产生的光子。反射后，设备外部可以测量的实际数量的提取效率与设备本身包装材料的吸收、散射、结构和折射率的差异密切相关。

电流特性：深紫外光源的正向电压随着温度的升高而下降，具有负温度系数，其中一部分消耗功率被转换为光能，剩下的部分被转换成热能。

光学特性：深紫外光源是单色光源。光谱红移现象是因为半导体的能隙随温度的上升而下降，导致其峰值波长随温度的上升而增长，发光亮度与正向电流成比例。电流增加的话，发光亮度也会增加，另外发光亮度也与周边温度有关，如果环境温度变高，那么复合效率降低，亮度降低。

热特性：在电流微弱的情况下，深紫外光源的温度指数上升并不明显，若周边温度过高，主波长红移，亮度降低，光源照射的均匀性及一致性会下降，这说明赋予产品散热设计的重要性。

寿命：深紫外光源（特别是高功率光源）长时间使用会严重老化。在测量寿命的时候，将灯的损坏作为唯一的判断寿命的基准来使用是不客观的，可以用35%的深紫外光源衰退减少率来测量，更加客观、合理。

封装：散热问题的解决，采用铜基板作为热衬，然后连接到散热器，再将芯片和热敏电阻连接在一起。关于光输出，采用触发器技术，为了提高光源的输出率，在底面和侧面添加反射面来得到更有效的光。

（2）深紫外光源的优势。

目前深紫外光源还处于初期的起步阶段，其性价比和发光效率都还有很大的挖掘空间。如表3-2所示，深紫外杀菌作为一种技术性功能，具有安全环保、能耗低、无化学残留等优势，大多以模组的形式应用于家电产品，现已在白色家电、物体表面杀菌、母婴用品、静态水处理上进行大规模的应用。

表 3-2　深紫外光源的技术优势

杀菌方法	高温蒸煮	过滤	化学制剂	汞灯	深紫外线
节约能源		✓	✓		✓
即开即用		✓			✓
节省空间			✓		✓
免除维护	✓				✓

杀菌方法	高温蒸煮	过滤	化学制剂	汞灯	深紫外线
无毒无害	✓	✓			✓
寿命长	✓				✓
无刺激性气味		✓			✓
消灭病原体	✓				✓

3.2.6　深紫外杀菌产品的设计原则

深紫外杀菌产品在设计的过程中，所提出的设计创意必须遵循以下几点设计原则。

1. 使用安全

作为消毒杀菌家电产品设计的重要组成部分，深紫外光源必须保证产品在使用过程中不会对人体产生其他副作用。目前，市场上应用较广的深紫外光源以 LED 的模组形式呈现，具有高效的杀菌效果。无论您想要在家中使用还是随身携带深紫外杀菌产品，对安全性的要求都极高，同时在设计产品时，要避免光源直接照射到人眼，以免造成对眼睛的损伤。

2. 构成合理

产品功能与美学的协调能够反映一件产品的合理性。深紫外杀菌产品是功能性家电产品，因此功能的合理性必须是设计的前提。深紫外杀菌产品的消费群体以年轻上班族为主，在该前提下，这类产品设计既要满足用户杀菌消毒的基本功能，又要提高产品的美观度。

3. 用户体验

产品设计以人为最终服务对象，因此产品应该最大程度地满足人性化的需求，产品的人性化设计可以在多种使用场景中被用户感知。例如，手持杀菌产品的设计在符合用户生理和认知习惯的前提下，对不同的物体进行灭菌消毒；除菌扫地机器人让用户实现无障碍操作，产品不仅满足年轻人，而且可以让老年人享有参与感，产品设置的按钮和颜色比较突出。

4. 创新原则

创新是促进产业发展生产的原动力，是产品设计不可或缺的部分。深紫外杀菌产品设计中的创新点主要体现在形态和材料方面，趋同化的产品容易让用户审美疲劳，这类产品在市场中的竞争力不高，而外观美观的产品能给用户带来美好的视觉感觉。就杀菌产品而言，ABS 材质、PC 材质的使用可以让产品在居家环境下具有极高的融合感，此外，产品颜色可以尝试现代感简约色彩，不仅可以提高产品的竞争力，还能让用户体验到由创新设计带来的便利。近几年深紫外产品在市场上不断被推出，但大多数产品依然较为保守，对整合式的家用杀菌产品很少涉及。由此我们可以以整合设计理论为基础，综合考虑用户对新产品组合的需求，以此来定义产品功能并将其整合，设计出一款既能满足用户的高效、安全、无接触式杀菌需求，又能让用户享受到清新空气的净化器产品。

3.3 产品调研及设计流程构建

3.3.1 深紫外产品市场调研

1. 现有产品分析

随着深紫外技术的不断创新，另外一部分新兴领域的应用也在持续扩大，例如生化探测、医疗杀菌、工业光催化和聚合物固化。未来随着技术的发展，深紫外杀菌产品进入百姓生活只是时间问题。

下面就国内几款利用深紫外技术的产品分别进行介绍。

第一款产品是美的集团研发的去除残留农药的冰箱，通过内置深紫外光源进行直接照射，连续放出超短波高能深紫外线，切断农产品上农药的分子结构。如图 3-7 所示，这款冰箱通过在冰箱内部结构中加入特有的深紫外封装技术，通过多个深紫外光源的模块设计，可以全面、彻底地破坏农药残留的分子结构来达到冰箱食材保鲜和果蔬净化的极佳效果，用户能够灵活存取，按需食用；另一方面杀菌效果强、用时短、效率高，可以在用户外出工作的时间间隙自主工作，无需长时间等待。

第二款产品是格力集团研发的静音除菌加湿器，如图 3-8 所示，深紫外光源在此款加湿器上用来对水中的细菌进行消杀，主要是通过深紫外光源的照射，持续性地对循环流动、经过紫外线杀菌区域的水释放短波深紫外光，切断细菌、病毒的DNA/RNA 分子链。内置的深紫外光源对水体进行杀菌，无需经常更换加湿器的水，只需适时补充即可，避免对水资源的浪费。

图 3-7　美的去除残留农药冰箱

图 3-8　格力静音除菌加湿器

　　第三款产品是科沃斯品牌旗下的一款扫地除菌机器人（见图 3-9），它可以在家庭内部安全、环保地完成消毒杀菌作业，根据导航规划，制定清洁计划，通过指令以定向角度多面辐射，不会对目标以外的人体和物体构成伤害。

图 3-9　科沃斯扫地除菌机器人

　　以上调研的各类产品是不同情境下的深紫外杀菌产品，可以看出其应用领域已显成熟。针对不同消费群体和消毒场景，最大限度地实现深紫外杀菌产品的可用性。深紫外杀菌产品无论是商用还是家用，都正在加速进入人们的日常生活中，成为能够杀灭各类细菌不可或缺的电器产品。

2. 深紫外产品市场规模与机遇

在 COVID-19 的影响下，产品生产商和消费者大大增强了杀菌和净化的意识，从市场角度剖析，来自大型供应商和经销商的咨询大幅增加。图 3-10 为深紫外光源在 2020 年各应用领域的比重，杀菌净化所占比例为 41％，在今后几年内，深紫外杀菌产品的市场份额有望稳步增长。

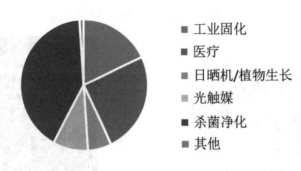

图 3-10　深紫外光源在 2020 年各应用领域的比重

接着围绕水、空气、表面杀菌等领域展开讨论，通过 SWOT 宏观环境分析，得出深紫外杀菌产品未来发展的方向。

(1) 现有完整的国内技术团队在共同参与项目建立和形成的同时，邀请高级行业专家申请国家相关专利，确保产品技术能力和领导能力的可持续发展。

(2) 深紫外杀菌产品作为新兴家电产业分支，与现有家电企业已落地的成熟产品相比存在较明显的差距，销售终端、渠道的建设需要巨大的人力和资金成本，可能对一些企业经营带来较大的风险。

(3)《关于汞的水俣公约》的实施对仍然使用汞灯杀菌的家电公司带来很大的影响。目前主流家电企业还没有进入深紫外杀菌领域，存在技术积累和专利保护的空窗期，倘若能够正确判断产品开发的方向，必然能够先发制人，抢占市场先机。

(4) 研发和技术创新能力：用户在购买产品时会优先考虑产品的实用功能和价格，但越来越多的人会更加注重产品的功能、外观、安全性、健康、环保和便利性，主要倾向于追求更加个性化、智能化的多功能产品。

综上所述，通过市场环境及自身优、劣势的分析，明确深紫外杀菌产品的发展方向，SWOT 分析结果如表 3-3 所示。

从表 3-3 格中可以看出，有很大的机会开发外部环境允许的深紫外杀菌产品，同时也存在部分缺点，深紫外杀菌产品采用扩大战略，增加品牌和市场宣传，在细分的家用电器领域，企业、产品、品牌的认知度逐渐提高，扩大了其影响力。

表 3-3　SWOT 分析结果

优势（strength）	劣势（weakness）	机会（opportunity）	威胁（threat）
优秀的创业团队、准确的市场定位、产品生命周期的预估	营销资源、渠道劣势、品牌弱势	功能实用，《关于汞的水俣公约》的实施，符合节能环保政策需求，杀菌净化类家电需求广阔，主流厂家未进入	国内知名品牌家电厂家进入此领域，作为新项目的启动，整个开发费用较大，增大项目生存的压力
SO 战略—拓展战略	ST 战略—防御战略	WO 战略—多元化战略	WT 战略—收缩战略
利用网络销售机会，使用网络促销、众筹等各种新兴热点的销售方式快速发展	保障产品质量，加强市场营销，学习先进的企业经验	加强品牌推广宣传，加强不同品类产品开发，加强企业自身管理	合理控制成本，突出产品优势，集中资源突破，不断优化组织，提高效率

3.3.2　深紫外杀菌产品设计流程构建

随着科学技术的进步，生活水平的提高，人们住宅内的卫生环境也变得引人注目。美国环境保护署做了一项研究，结果表明室内环境比室外环境污染严重。一天中人们在室内度过 80% 以上的时间，因此必须更加注意室内环境的污染。特别是新型冠状病毒肺炎疫情暴发，人们对预防突发公共卫生事件的意识逐渐提高。正确预防新型冠状病毒，确保个人安全，改善个人卫生状态是所有人都很关心的事情，各种各样的杀菌消毒产品的需求急剧增加，个人的安全保护意识越来越强。用户会购买一些专门的家用消毒设备，以保证家居用品的清洁。在办公环境中，用户需要一台小型消毒设备对个人物品进行消毒。以往的柜型消毒装置，根据容量和消毒方法，其所使用的消毒区域有所限制，已不能完全满足现代用户的个性化需求。同时，酒精消毒会产生刺激性的气味，而且容易起火。正如日本设计师 Kenya Hara 所说：设计的意义是发掘很多人面临的问题并解决。目前的杀菌消毒产品很少涉及小型甚至家用整合式杀菌产品，这是杀菌产品的蓝海市场。

市场需求的急剧增加为杀菌家电产品的设计提出了新的开发需求。深入研究目标用户群体，了解用户的痛点，融合技术、商业和人文科学相关要素的综合设计理念的优点和特征，结合当前市场情况和未来发展要求，将整合设计应用于深紫外杀菌产品中，催化深紫外杀菌产品的蓬勃发展和产品创新，有针对性地设计出一款具有良好体验感的杀菌消毒家电产品具有极强的现实意义。这不仅是特定产品的设计，也是服务模型、人与计算机的相互作用、协作模型及体验模型的整合设计。

深紫外杀菌产品整合设计分析模型如图 3-11 所示，产品整合设计必须满足产品的基本功能或主要功能，以及派生或增加的辅助功能（或次要功能）。各独立部分能够相应地发挥作用，实现功能的最大化。产品的主要功能和次要功能无法逆转，次要功能和主要功能需要区分权限和责任，因此在功能集成设计中，应保证主要功能为主，次要功能为辅，次要功能一旦终止，主要功能不会受到影响。

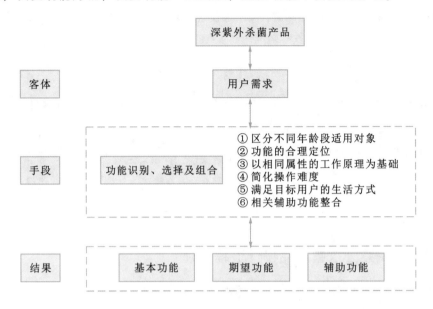

图 3-11　深紫外杀菌产品整合设计分析模型

由整合设计相关理念可知，深紫外杀菌产品通用设计分析流程如下。

第一阶段：通过市场调研，建立无接触式深紫外杀菌产品的层次分析模型，对各项用户需求指标进行权重计算及排序。

第二阶段：通过客户访谈、问题提出、概念分析和功能转化，在一系列假设和推论的基础上，逐步改善产品概念，整合设计师和用户之间的冲突点。

第三阶段：将产品的概念尝试用视觉化图形表达，并结合第一阶段和第二阶段导出的相关结论和概念，依据用户需求因素的重要度，完成深紫外杀菌产品的创新设计。

第四阶段：针对深紫外杀菌产品进行整合性评估，验证产品概念。

3.3.3　用户对深紫外杀菌产品的需求调研

1. 调研人群定位

本次调研主要采用问卷调查的方式生成问卷链接，链接在微信、QQ 等在线平台上公开，一些上班族被邀请参加此问卷的填写，调研人群涵盖 10 年电子行业从业人员、家电外观及结构设计人员、光学研发人员、资深用户研究人员及深紫外杀菌产品真实用户。问卷调查主要在网上进行，历时 2 个月，收集了 95 份有效问卷。目标用户性别及年龄层分布如表 3-4 所示，根据调查的必要条件，调查问卷的回答率在 70% 以上为良好，证明此问卷的可靠性高。

表 3-4　目标用户性别及年龄层分布

年龄	性别		总计
	男	女	
20 岁及以下	1 人 (1.67%)	2 人 (5.71%)	3 人 (3.16%)
21～25 岁	17 人 (28.33%)	9 人 (25.71%)	26 人 (27.37%)
26～30 岁	34 人 (56.67%)	15 人 (42.86%)	49 人 (51.58%)
31～40 岁	5 人 (8.33%)	7 人 (20.00%)	12 人 (12.63%)
40 岁以上	3 人 (5.00%)	2 人 (5.71%)	5 人 (5.26%)
总计	60 人	35 人	95 人

2. 目标用户分析

在问卷调查中，以不同性别、年龄、收入的上班族为对象进行了调查，共收集了 95 份有效问卷。问卷内容主要包括用户性别、年龄、收入、家庭接触过的深紫外杀菌产品、杀菌方法、频率、对产品外观和功能的期望等。根据收集到的不同上班族的特点，并从上班族对深紫外杀菌产品的使用情况、价值观和购买力进行详细的统计，如表 3-5 所示。

表 3-5　深紫外杀菌产品用户群调查情况

组别	特征	用户需求
1	20 岁以下，基本为在校生，工作以实习为主，收入不高，喜好新奇的事物，对消毒产品的兴趣程度不高	看中产品的外观、性价比等，对产品功能和品质要求不高
2	21～30 岁，收入稳定，是社会的基石，有较强的购买力，对产品的功能和外观要求高，对产品的创新性也有较强的主观意识，更加注重产品的使用体验	对产品外观、功能、创新性都有兴趣，愿意为设计买单
3	30 岁以上，基本已为人父母，有较高的收入，一般处于公司领导层，虽然和其他组别相比有较高的购买力，但消费理念偏保守，对产品品质和功能有较高要求，注重品牌	追求安全、环保、品质高、功能稳定的产品

比较表格中用户群体三个组别的特性，可以得出以下结论。

第一类用户收入较低，他们的工作性质大多为实习或兼职，他们很少使用杀菌产品，对深紫外杀菌产品兴趣不大。因此，这个群体不是主要的目标用户。

第二类用户收入稳定，愿意挑战新事物，对产品有主观性，愿意在设计上消费，因此被确定为产品的主要目标用户。

第三类用户收入较高，但他们在购买产品时往往比较谨慎，更注重产品的功能、品质、性价比，他们不太关心创新设计，所以他们不作为产品的主要目标用户。

根据问卷调查结果，对深紫外杀菌产品感兴趣的用户一般是 20～30 岁的上班族。他们的思维相对自由、奔放，始终站在科技前沿，这一群体的工作和生活特点如下。

（1）在自我认同的驱使下，从某种意义上来说，消除主流价值观的"束缚"，丰富的生活经历使他们有着不同的物质体验和享受体验。

（2）对品牌史敏感，他们具有较高的品牌忠诚度，具有强烈的个人主义色彩，追求独特性，更积极地体验创新产品。

（3）大多空闲时间较少，并且大多数时间都不在家，很容易忽视住房内部的环境健康，他们显然对功能多样化更感兴趣。

因此，20～30 岁的上班族对深紫外杀菌产品的态度是十分积极的，显示出对住房内部环境的良好渴望。安全性是用户选择的基本条件，在此基础上为他们提供更高效的无接触式杀菌产品，让用户群体在正常工作之余能够享有杀菌体验，另外，产品的通用性也吸引了用户的关注，具体辅助功能的合理选择还要根据后续对用户需求的深度调研来确定。通过这次问卷调查，可以得到用户对深紫外杀菌产品的需求，为观察用户和深度采访提供研究基础。

3. 用户访谈观察

目标用户主要是从前期的分析中导出的潜在用户群，也就是 20～30 岁的上班族。我们从问卷调查中选出了两名具有代表性的上班族，通过网络电话进行了详细的用户访谈观察。

用户访谈观察主要了解上班族工作时和假期居家时对杀菌产品的使用情况，由于观察者不与被观察者直接接触，所以采用了非参加型的自然观察。通过观察用户日常活动、所在的环境、使用的产品、行动、喜好、需求，可以把握用户的潜在需求。对两位用户访谈观察的详细信息分别如表 3-6 和表 3-7 所示。

表 3-6　访谈观察用户 1 的详细情况

基本信息	观察状态描述
观察目标：王女士 (25 岁) 用户性格：沉稳细心 主要杀菌物品：便携式手持杀菌器 观察时间：2021 年 2 月 10 日 观察时长：8 小时 记录工具：手机、笔记本	（1）王女士每逢出门会在包内准备便携式手持杀菌器，外出到公共场合时会对所触及的公共物品进行杀菌 （2）王女士在公司门口的快餐店吃午饭，拿出便携式手持杀菌器对碗筷进行了简单的杀菌，用时约 30 秒 （3）下午回到办公室后对自己用的键盘鼠标、U 盘等办公设备进行杀菌。因为日常这类物品大部分时间属于自己使用，所以每周进行一次杀菌就可以 （4）整个观察过程中，王女士本着对自我防疫的超强意识，对公共场合的物品尤其注重杀菌管理，很是注重细节

表 3-7　访谈观察用户 2 的详细情况

基本信息	观察状态描述
观察目标：李女士 (27 岁) 用户性格：活泼好动，好奇心强 主要杀菌物品：除菌扫地机器人 观察时间：2021 年 2 月 22 日 观察时长：8 小时 记录工具：手机、笔记本	（1）李女士早上起床后走到客厅，看见地面上有水渍和灰尘等残留物，于是打开手机 APP 启动家中的除菌扫地机器人，设定立刻启动 30 分钟的全屋杀菌清扫 （2）李女士开始洗漱和做早饭，这期间除菌扫地机器人因撞到沙发腿等物体，自动暂停两次，每次停止 30 秒后自动转换方位继续工作 （3）李女士忙完之后，除菌扫地机器人结束工作，在原地停下数秒后变为睡眠模式 （4）李女士在干净无菌的环境下享用早餐，吃完后出门，开始一天的工作

　　详细的用户采访是低成本、高效收集客户反馈的方法。这在设计项目的初期阶段和其他领域发挥着非常重要的作用。为了进行采访，选择问卷中分类的 4 个核心目标。通过语音沟通的方式了解用户在观察过程中无法得到的隐藏信息和深紫外杀菌产品相关的深度问题。

　　用户访谈时间：2021 年 2 月—2021 年 3 月。

　　用户访谈和调查方法：主要是网络和电话。通常的访谈时间是傍晚或周末，选择这些时间段是为了让目标对象在访谈时能更深入地思考问题。

　　问题设计：用户访谈信息如表 3-8 所示，访谈提问大致分为三个内容：第一个内容主要是提出一些简单的问题，所以被访问者可以轻松地回忆关于产品使用过程中的各种细节；第二个内容是详细询问杀菌产品的使用经验以及使用过程中用户认为的缺点和不便；第三个内容是对问卷调查和用户观察得出的一些结论进行验证，了解用户对深紫外杀菌产品缺乏注意的地方和消费意图，并实时记录用户对产品各方面的喜好。

表 3-8　用户访谈信息

(1) 您使用的是哪一种杀菌消毒方式？	① 家里买了消毒碗筷、杯子之类的消毒机 ② 用的是手持式杀菌器，一般对一些认为可能存在细菌的地方进行杀菌 ③ 使用 59 秒的家用杀菌包，平时会对一些衣物进行消毒 ④ 家中有除菌扫地机器人，用 APP 来控制它在房间内杀菌清扫
(2) 您通常是在哪里使用消毒杀菌设备呢？	① 通常是在厨房 ② 室外公共场合或者平时办公的区域 ③ 一般在家里的卧室或者阳台 ④ 家里的每个房间
(3) 您通常在什么时间段内杀菌消毒的频次最高呢？周期是多久？	① 一般是饭后，刷完碗后进行杀菌，一般一周左右一次 ② 外出和每天上班的时候 ③ 一般是晚上收衣服的时候杀菌，2～3 天进行一次杀菌，优先对第二天需要穿的衣物杀菌 ④ 上班或者有事外出时，远程操作也很方便
(4) 您使用杀菌产品或设备时有过什么好的/坏的体验吗？	① 碗筷消毒很放心，毕竟是入口的东西，相对来说做得要全面一些 ② 手持设备虽然便携，但遇到面积很大的物体时，用起来就比较费时费力，比如宾馆的枕套、床单 ③ 杀菌包的体积有限，而且没有功能分区，担心放少了起不到很好的作用，但是放多了又比较浪费 ④ 因为扫地机器人会自动避开障碍物，所以很多角落的地方会被忽略掉
(5) 您使用杀菌消毒产品的动机是什么？	① 餐饮工具的及时杀菌，病从口入，所以对餐饮工具的杀菌需求对于我来说比较重要 ② 携带手持杀菌器对一些可能有细菌残留的地方进行杀菌，让自己更加放心 ③ 因为长期生活在潮湿的南方城市，出于对卫生状况的考虑，对衣物尤其是一些贴身衣物的杀菌有比较高的需求，每次杀菌比较麻烦，如果杀菌包的体积能够再大一些，可以把不同类别需要杀菌的衣物分隔开也许会更好 ④ 因为长时间跑外勤，很少打扫家里的卫生，但有时会发现地面很脏且无人打扫，所以有个可远程操控的家用帮手，可以帮我节约不少时间
(6) 您对您的杀菌产品（方式）感到满意吗？	① 总体还算满意，毕竟杀菌完成后的温度和味道都能使我安心 ② 很多小地方的杀菌花的时间很短，而且产品还十分便携 ③ 不是很满意，觉得产品可以有改进的空间 ④ 整体较满意，要是能够增加一些其他的功能就更完美了

（7）您在杀菌时会遇到什么问题？	① 碗筷杀菌消毒的耗时比较长 ② 手持设备虽然便携，但遇到面积很大的物体时，使用起来就比较费时费力，比如宾馆的枕套、床单等大件物品 ③ 杀菌包的体积有限，而且没有功能分区，担心放少了起不到很好的作用，但是放多了又比较浪费 ④ 有时候觉得机器人有些"笨笨的"
（8）您觉得产品有没有比较差或者不必要的功能？	① 机器放在厨房比较占空间，必须一直通电，长时间不清理，机器外壁上会有清洗不掉的油烟残留 ② 可同时容纳杀菌物体的数量较少，有些资源浪费
（9）您觉得家中哪些地方有必要进行定期杀菌消毒？如果有一款专业的杀菌净化类家电，您会考虑使用吗？	① 我觉得可以像烤箱和微波炉等小家电一样，制作成嵌入式，这样也能给厨房余留空间 ② 在家里每天触摸很多次的地方是有细菌的，只是我们的肉眼看不见，我是比较注重卫生的人，所以我可能需要杀菌产品的使用范围比较广 ③ 如果杀菌包直接变成可以杀菌的衣帽间，只要我把衣服挂进去，启动程序就能一次性完成杀菌，我一定会购买 ④ 清扫和杀菌可以结合得很好
（10）您希望杀菌产品除了具备基本的功能以外，还拥有别的什么辅助功能呢？	① 果蔬杀菌、除农药残留 ② 除湿、空气净化、除异味，甚至香薰和音响结合起来
（11）您觉得杀菌作为单独模块可以在多个场景中实现同时工作这个设计概念怎么样？	① 感觉一般，但是比没有强 ② 感觉会不会比较复杂 ③ 如果便携的话我愿意尝试 ④ 愿意尝试其他模块，这样的产品功能很完整，感觉很酷
（12）您觉得杀菌产品和空气净化这个功能结合怎么样？	① 没有尝试过，应该蛮新颖的 ② 这个不便携，我外出情况比较多 ③ 听起来还不错 ④ 非常好，如果有的话我肯定马上购买，家里的卫生我彻底可以托付给它

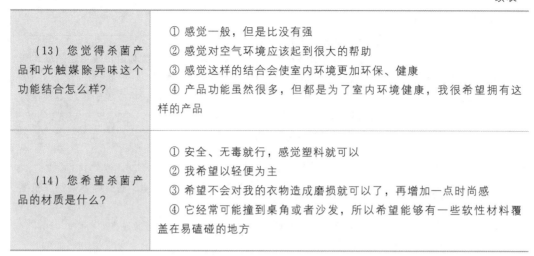

（13）您觉得杀菌产品和光触媒除异味这个功能结合怎么样？	① 感觉一般，但是比没有强 ② 感觉对空气环境应该起到很大的帮助 ③ 感觉这样的结合会使室内环境更加环保、健康 ④ 产品功能虽然很多，但都是为了室内环境健康，我很希望拥有这样的产品
（14）您希望杀菌产品的材质是什么？	① 安全、无毒就行，感觉塑料就可以 ② 我希望以轻便为主 ③ 希望不会对我的衣物造成磨损就可以了，再增加一点时尚感 ④ 它经常可能撞到桌角或者沙发，所以希望能够有一些软性材料覆盖在易磕碰的地方

通过标记数据可以更有效地整理数据，如表 3-9 所示。根据这个，可以整理用户的观察数据和用户访谈数据。

表 3-9　通过数据打标签来整理数据

标签	反馈类型
动机	那些表明客户动机的言论
困难	那些表明挫折、限制或约束的言论或观察
任务	客户用来达到目标所完成的任务
特征	用来区别客户之间差别的特征
交流互动	客户与其他团队成员或客户进行的交流或互动
环境	描述你对客户进行观察时的细节
工具	为了实现目标客户使用的工具

4. 用户需求缺口分析

21 世纪初期，Jonathan Cagan 等人提出产品设计中的 SET 因素，认为通过对社会趋势（S）、经济动力（E）及先进技术（T）三方面的综合分析，可以得到有效的用户需求关键词。关键词的分析及量化以满足高效、安全杀菌体验为设计目标，将各方面价值因素有机结合，能够有效地明确产品创新设计的方向。

为获得深紫外杀菌产品的用户需求，对现有产品现状相关研究进行网络平台讨论并制定调查问卷，回收有效调查问卷 90 份，总结发现三种典型情况：① 用户无法感知杀菌是否达到效果；② 用户期望更加灵活的转场能力，实现对多空间的杀菌；③ 用户对享有无接触式杀菌体验的渴望度增加。

根据三种情况在表 3-10 中列举 SET 因素关注度排名前八的词语作为用户需求

关键词，然后对关键词进行筛选，为深入分析用户需求并确定具体的产品功能提供参考依据。

表 3-10　SET 用户需求关键词

S（社会）	E（经济）	T（科技）
《关于汞的水俣公约》执行	体验经济软消费	深紫外杀菌技术
市场容量未饱和	个人经济支配能力	语音助手
家电转型诉求	健康产品投资	光学系统可靠
多元化发展	更新传统杀菌方式	万物互联
安全便捷消费观	环保可持续理念	人工智能系统
智能掌控时代	消费认知行为升级	可视化杀菌效果
杀菌理念普及	差异化产品战略	线上平台拓展体验
生活品质提高	用户体验消费	智能监测感知技术

5. 用户需求关键词量化分析

参考用户需求关键词，进一步明确用户的关键需求，将用户需求划分为交互方式、造型结构、功能衍生和虚拟服务四部分及各自对应的设计单元，如表 3-11 所示。通过邀请专家测评打分，使产品需求配置更权威、可靠，各方面均获得了正面评价，因此可确认各设计单元的划分具有可行性。

表 3-11　设计单元划分与问题反馈

设计单元	用户需求指标	兴趣程度	符合程度	主要问题
交互方式	杀菌唤醒	3	基本符合	以按键或 APP 控制唤醒杀菌；老人或儿童使用是否会存在障碍
	APP 控制	4		
	智能感应	4		
	语音互动	4		
造型结构	ABS 材质触感	3	基本符合	分体式组装结构如何操作；置换匹配的步骤是否最简化
	分体式结构	5		
	极简柔和	4		
	科技前卫	4		
功能衍生	可移动式	5	超出预期	多元化功能实现的可能性发散，能否在遵循用户需求前提下保证结构的合理性
	光触媒除异味	5		
	香薰加湿	3		
	吸尘功能	4		

续表

设计单元	用户需求指标	兴趣程度	符合程度	主要问题
虚拟服务	线下体验	5	超出预期	线下体验服务普及度如何规划；私人定制将为更多个性化需求进行服务
	专业杀菌软文普及	4		
	私人定制	5		

经过对用户需求关键词的量化总结，为了使其更加准确且具有客观性，因此需要使用市场调查和FAHP分析来获取特定用户的需求，计算并对用户需求指标权重值进行排序，最后利用排序的结果来指导设计方案。

3.3.4 FAHP模型构建分析

1. 构建产品层次分析模型

在挖掘用户需求关键词后，为寻找更加具体、准确的用户需求，通过设计李克特量表进行市场调研，调研人群包括十年电子行业从业人员3人、小家电外观及结构设计人员5人、资深用户研究人员2人、深紫外杀菌产品真实用户10人、光学研发人员3人，共23人。建立深紫外杀菌产品层次分析模型，如图3-12所示。

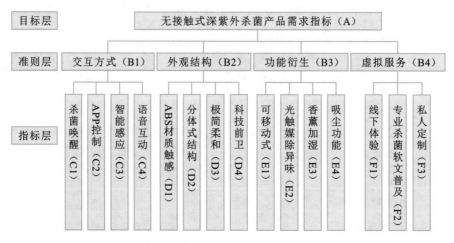

图 3-12 深紫外杀菌产品层次分析模型

2. 指标权重确定及一致性检验

模糊综合评价法是应用模糊系统的原理，从多种因素对被评价对象的隶属度等级进行综合判断的方法。基于用户需求的FAHP模型建立及权重排序的基本步骤如下。

（1）用户需求指标的层次分析模型构建。通过上述对用户需求关键词的量化，借助问卷调查、访谈等方式对用户需求进行归纳与筛选，建立递进式层次分析模型。

（2）判断矩阵构建及权重计算。构建判断矩阵是层次分析法中的重要环节，相对于前一层次中的某一指标，可在同一层次的各指标间分别比较重要性程度，根据表 3-12 的标度原则进行赋值，对各指标进行打分，构建判断矩阵 E。

表 3-12　标度赋值及意义

标度	意义
1	表示两个因素相比，具有同样重要性
3	表示两个因素相比，一个因素比另一个因素稍微重要
5	表示两个因素相比，一个因素比另一个因素明显重要
7	表示两个因素相比，一个因素比另一个因素强烈重要
9	表示两个因素相比，一个因素比另一个因素极端重要
2，4，6，8	上述两相邻判断的中值

将矩阵 E 进行模糊权重计算，得出各层次指标的权重值 ω_1，ω_2，$\cdots$，ω_n。对矩阵 E 按行求和，然后进行数学变换，从而得到模糊一致性矩阵，并进行归一化，可得每项指标相对于上级指标的权重排序向量，计算式如下：

$$\alpha_i = \sum_{k=1}^{n} e_{ik} \quad (i=1,\ 2,\ \cdots,\ n) \tag{3-1}$$

$$\alpha_{ij} = \frac{\alpha_i - \alpha_j}{2(n-1)} + \frac{1}{2} \tag{3-2}$$

$$\omega_i = \frac{1}{n(n-1)}\left(\sum_{j=1}^{n} e_{ij} + \frac{n-2}{2}\right) \quad (i=1,\ 2,\ \cdots,\ n) \tag{3-3}$$

根据层次分析模型，由式（3-1）和式（3-2）对目标层和准则层的需求指标进行权重计算，如表 3-13～表 3-17 所示。

表 3-13　目标层 A 的判断矩阵及权重

	B1	B2	B3	B4	权重 ω
B1	1	5	3	7	0.55
B2	1/5	1	1/3	5	0.13
B3	1/5	3	1	7	0.27
B4	1/7	5	1/7	1	0.04

表 3-14　目标层 B1 的判断矩阵及权重

	C1	C2	C3	C4	权重 ω_1
C1	3	1/7	1/5	1/5	0.05
C2	1/3	3	1	1	0.32

Continued table:

	C1	C2	C3	C4	权重ω_1
C3	1	1/3	7	3	0.40
C4	1/7	1/5	3	1	0.23

表 3-15　目标层 B2 的判断矩阵及权重

	D1	D2	D3	D4	权重ω_2
D1	1	1/7	1/3	3	0.11
D2	1/3	1/5	3	5	0.57
D3	5	1/3	1	5	0.26
D4	1/5	3	5	3	0.06

表 3-16　目标层 B3 的判断矩阵及权重

	E1	E2	E3	E4	权重ω_3
E1	1	1/3	1	7	0.34
E2	1/5	1	1	5	0.31
E3	1/3	1/5	1	3	0.28
E4	1/5	1/7	3	1	0.07

表 3-17　目标层 B4 的判断矩阵及权重

	F1	F2	F3	权重ω_4
F1	1	3	1	0.39
F2	3	1	1/7	0.10
F3	1/5	1/3	1	0.51

进一步运用式（3-3）对判断矩阵进行一致性检验，如表 3-18 所示，各指标的 CR 值分别为 0.09、0.06、0.09、0.03、0.08，CR 值均小于 0.10，判定矩阵通过一致性检验，表明了各用户需求指数的可靠性较高。

表 3-18　一致性检验的结果

	A	B1	B2	B3	B4
λ_{max}	4.24	4.17	4.24	4.07	3.08
CR	0.09	0.06	0.09	0.03	0.08

3. 用户需求指标权重排序

通过一致性检验后，将准则层权重数值和指标层权重数值相乘，得到综合权重数值并进行排序，如表 3-19 所示。

表 3-19　深紫外杀菌产品需求指标权重及排序

准则层（A）（权重）	指标层		综合权重	排序
	因子	权重		
交互方式 B1（0.55）	杀菌唤醒 C1	0.05	0.074	7
	APP 控制 C2	0.32	0.176	2
	智能感知 C3	0.40	0.220	1
	语音互动 C4	0.23	0.127	3
造型结构 B2（0.13）	ABS 材质触感 D1	0.11	0.020	10
	分体式结构 D2	0.57	0.076	6
	极简柔和 D3	0.26	0.034	8
	科技前卫 D4	0.06	0.008	14
功能衍生 B3（0.27）	可移动式 E1	0.34	0.092	4
	光触媒除异味 E2	0.31	0.084	5
	香薰加湿 E3	0.28	0.028	9
	吸尘功能 E4	0.07	0.019	11
虚拟服务 B4（0.04）	线下体验 F1	0.39	0.016	12
	专业杀菌软文普及 F2	0.10	0.004	15
	私人定制 F3	0.51	0.014	13

由表 3-19 可知，在交互方式方面，应该重视智能感应和 APP 控制功能，并需配有杀菌唤醒和语音互动辅助功能；造型结构方面，分体式结构所占权重较高，用户根据居住面积实现多空间的合理杀菌；功能衍生方面，不良的空气环境会引起呼吸系统疾病和血液病，因此用户希望享有光触媒除异味的功能，从多方面达到健康生活的标准。

4. 调研结论分析

通过对产品调研、用户调研及用户访谈的综合考量，进一步得出深紫外杀菌产品的功能定义如下。

（1）产品的杀菌模块能够对室内物体表面进行消杀。

（2）产品需同时满足多种使用环境的需求，需有一定的便携性，可以在任何地方进行杀菌。

（3）依据用户需求，增加空气净化功能，杀菌的同时对屋内空气质量进行监测净化。

（4）光触媒与深紫外光源的照射联合，能有效分解空气中有毒有害气体，杀死各种细菌，分解细菌和真菌释放出的毒素。

以上运用 SET-FAHP 集成的研究方法得出深紫外杀菌产品功能的定位，通过产品设计常用的设计流程进行分析，明确了深紫外杀菌产品的设计需求。后续将通过整合设计理念，实现对深紫外杀菌、空气净化、光触媒除异味功能的整合，为其他产品的整合设计提供一定的参考价值。

3.4 深紫外杀菌器设计实践

根据前期调研结果，构建 FAHP 模型对用户各项需求指标进行权重排序后，明确了深紫外杀菌产品的设计需求，最终确定采用分体式结构，灵活地实现不同空间的自定义杀菌，同时将光触媒和深紫外线有效结合，更高效地分解细菌、微生物，从多方面提高健康生活的水平。另一方面，利用 APP 对整体及不同模块进行实时监测和控制，增加一些基本的交互功能。

市面上的深紫外杀菌产品绝大多数造型都是单独个体，很少有分体式结构的产品。一个家庭往往会有多个房间，单独一个产品无法同时满足多个房间的杀菌，因此我们最终决定采用三段式的模块化设计，以便整体或单个部件都有实现相应需求的功能，并匹配独立充电接口和电路控制。

3.4.1 设计实践

1. 草图方案

概念设计主要以手绘、二维制图的形式表现设计师的设计概念和想法。在前期总结的用户需求目标的基础上进行头脑风暴式的草图绘制，然后结合材料分析、可行性分析对设计概念进一步改进，同时进行阶段性的验证和改善，最终决定有效设计概念的方向。

根据之前调查结果显示，人们越来越意识到室内污染对人体健康的影响，再加上呼吸系统疾病发病率的不断上升，预计未来 10 年深紫外杀菌产品的市场占有率将有很大的提高。如图 3-13 所示，采用手柄设计，能方便用户实现移动，顶部的用户界面可一眼确认所选功能，便于操作；不足之处是整体略显笨重，不能够在多空间内同时杀菌。本深紫外杀菌器整体上采用全白色 ABS 塑料的极简形式，意味着清洁和健康的氛围。与其他解决方案相比，它尝试移除物理按钮，用触摸屏代替。由于带有触摸传感器的 LED 屏幕位于塑料盖后面，因此它可以发出柔和而温暖的光。同时只要把手放在产品背后，就可将它带到房间里任何地方。

如图 3-14 所示，我们采用三段式的模块化设计，最上面一段为杀菌模块，配合光触媒网进行杀菌，内部有风扇设计，避免长时间开启而使主机体内部热量过高；中间一段是空气净化模块，在外壳上设计均匀分布的散热孔进行空气循环流通；最下面一段同样是杀菌模块，底部安装可拆卸万向轮，一方面能够带动整体，实现移动杀菌，另一方面便于维修更换，以达到增加产品使用寿命的目的。产品的每个模块都可以单独使用，并匹配独立充电接口和电路控制。第二种解决方案结合了深层紫外线杀菌和空气净化器。在使用杀菌功能的同时，可以享受到机器净化空气的乐趣。

2. 产品内部结构堆叠

文中提到的综合模块化设计理念将深紫外杀菌产品分为三个不同模块，各模块间的衔接采用模块一的支撑物块和模块二的顶部镂空相互契合的方式，可增强模块组合使用时的稳固性，产品的整体设计效果和模块衔接示意图如图 3-15 和图 3-16 所示。无接触式深紫外杀菌器采用对称倒角设计，机身采用白色 ABS 材质，可满足用户极简化需求偏好，触控显示屏可与 APP 连接互动，将产品状况可视化，直观、易操作，并凸显出产品的科技感。

为了更好地体现深紫外杀菌器的内部结构，文中分别给出了杀菌模块一、杀菌模块二和杀菌模块三的爆炸图和对应的部件名称，如图 3-17～图 3-19 所示。其中，杀菌模块一以实现无接触式杀菌为目的，用户可通过把手对杀菌模块一进行移动杀菌。杀菌模块二（空气净化模块）内部设计风扇，选用均匀分布的散热孔进行散热。杀菌模块三底部有可拆卸的万向轮设计，能移动整体产品完成杀菌，便于使用者维修、更换，增加产品的使用寿命。

3. 功能整合及参数说明

立足于深紫外杀菌产品功能合理整合设计原则，在设计中充分考虑深紫外杀菌产品的功能整合范围，最终方案基于杀菌、净化、除异味的功能，将深紫外杀菌、空气净化、光触媒除异味功能进行整合，如图 3-20 所示。

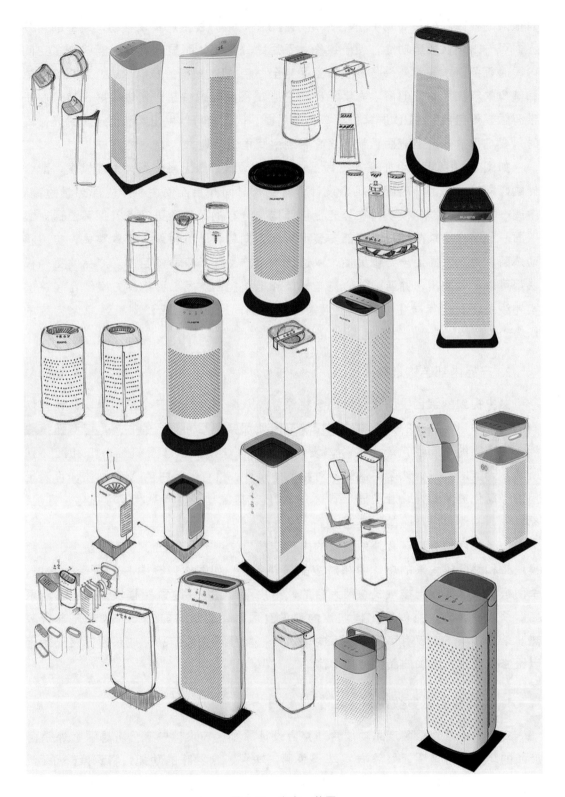

图 3-13　方案一草图

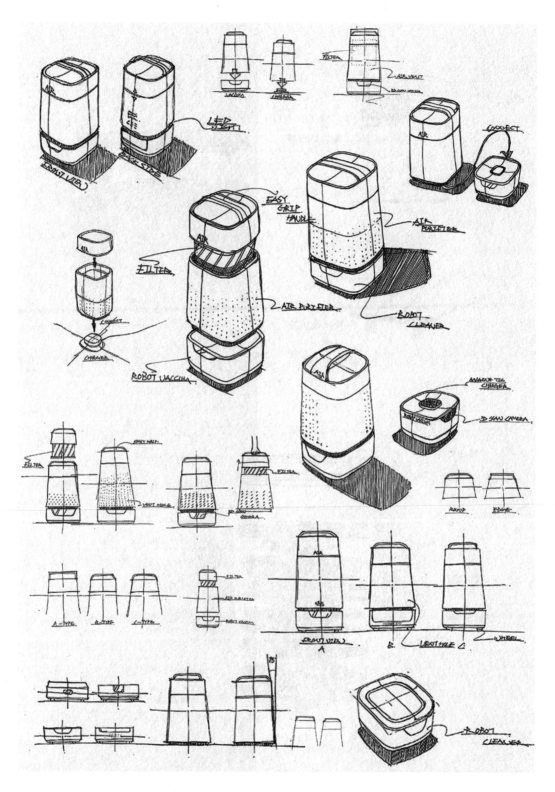

图 3-14　方案二草图

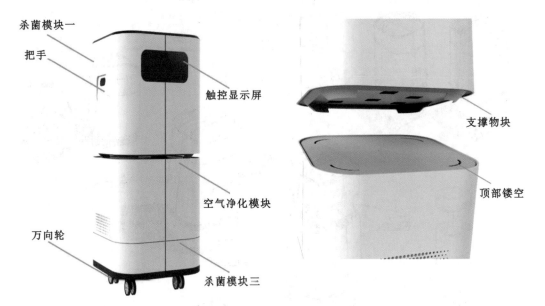

杀菌模块一

把手

触控显示屏

空气净化模块

万向轮

杀菌模块三

支撑物块

顶部镂空

图 3-15　无接触式深紫外杀菌器整体效果图　　　图 3-16　模块一与模块二的结构衔接示意图

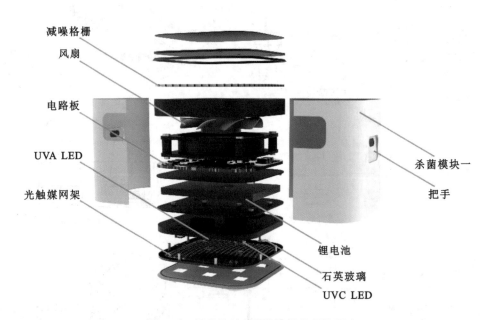

减噪格栅

风扇

电路板

UVA LED

光触媒网架

杀菌模块一

把手

锂电池

石英玻璃

UVC LED

图 3-17　深紫外杀菌模块一结构爆炸图

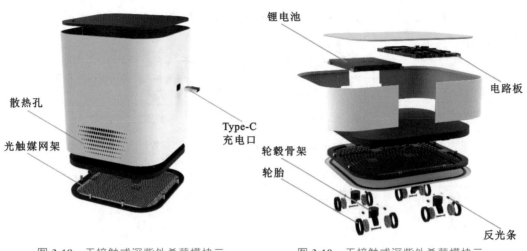

图 3-18　无接触式深紫外杀菌模块二　　图 3-19　无接触式深紫外杀菌模块三
结构爆炸图　　　　　　　　　　　　结构爆炸图

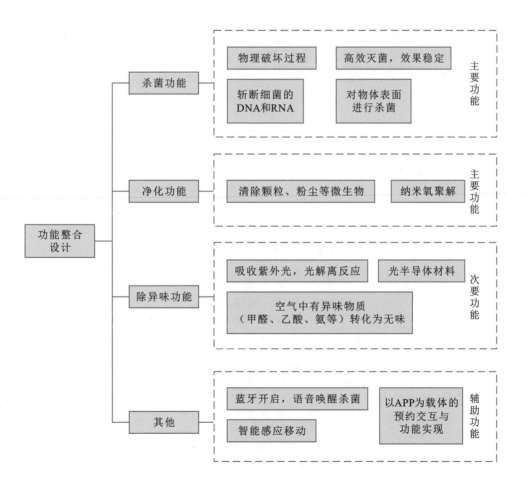

图 3-20　功能整体设计示意图

针对上述爆炸图中所涉及的结构原件，寻找合适的尺寸来搭配产品，考虑到产品体积、成本等因素，对深紫外杀菌器内部所涉及的需要采购的主要结构元件的参数说明如表 3-20 所示。

表 3-20　主要结构元件的参数说明

元件名称	尺寸	度量值	单价/元
四位数码管	37.6 mm×19 mm×8 mm	1.8 W	0.95
LCD 液晶屏	85 mm×30 mm×11.8 mm	5 W	5
UVA LED	35 mm×35 mm	—	1.8
UVC LED	35 mm×35 mm	—	6
锂电池	8 mm×50 mm×80 mm	4000 mAh	21.5
Type-C 充电接口	8.9 mm×14.3 mm	12 W	0.3
光触媒网架	单丝直径 0.2 mm	—	50
石英玻璃	长度：8.5 mm±0.2 mm 厚度：1 mm±0.1 mm	—	1.2
风扇	80 mm×80 mm×15 mm	12～24 W	3

4. 效果图及细节展示

本款深紫外杀菌器的整体外观造型设计符合当前的审美风格，简约、时尚。每个独立模块之间留出一定的空间，能够突出视觉重心，机身大面积采用了 ABS＋PC＋钛白粉混合喷涂，使产品具有极佳的触感，体现亲和力。设计符合整合设计理念的要求，通过模块化概念来满足不同的使用需求，可将产品置于不同空间进行工作，同时内置人体感应器，保证产品的安全性。每个模块的侧面都设计充电接口，为独立作业提供持续性需求。图 3-21 为产品整体放置在休闲空间使用的示意图，产品色调与房间环境协调一致。

用户需要对单个房间杀菌时，可以将最上层的杀菌模块取下，放置到需要杀菌的房间中，如图 3-22（a）所示。图 3-22（b）为触控屏操作界面，用户能够在 APP 和屏幕上看到杀菌时间显示，采用倒计时模式，能够及时掌握杀菌剩余时间。

图 3-23 为深紫外杀菌器的顶部栅栏、风扇、万向轮和底部细节示意图。

图 3-21　深紫外杀菌器场景示意图

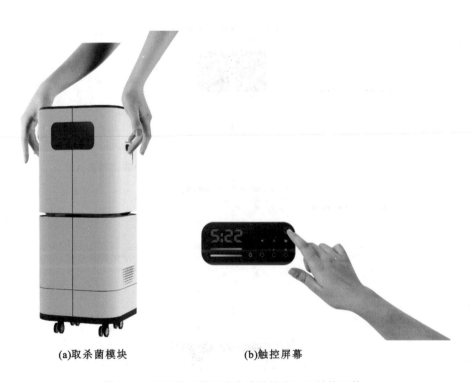

(a)取杀菌模块　　　　　　　　(b)触控屏幕

图 3-22　深紫外杀菌器分离模块操作机和触控屏幕

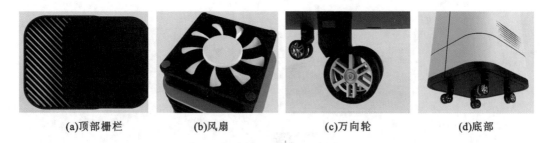

(a)顶部栅栏　　　　(b)风扇　　　　(c)万向轮　　　　(d)底部

图 3-23　产品细节示意图

3.4.2　CMF 设计

产品设计改进后，设计者必须根据产品效果制作产品流程指南，明确产品各部分的 CMF（颜色、材料、工艺）。整体造型采用对称倒角，视觉上营造柔和感，满足用户对产品极简、柔和的偏好，机身主体采用白色 ABS，与环境有较好的融合；触控显示屏将产品的工况可视化，与 APP 连接互动，起到直观提示的作用，同时凸显科技感。

图 3-24 为深紫外杀菌器正面示意图，其产品工艺材料如表 3-21 所示。

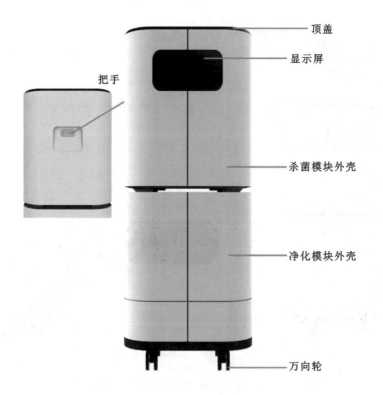

把手

顶盖

显示屏

杀菌模块外壳

净化模块外壳

万向轮

图 3-24　深紫外杀菌器正面示意图

表 3-21　深紫外杀菌产品工艺材料

序号	名称	颜色	材质	工艺
1	顶盖	黑色	PC	高温锻造
2	显示屏	—	LED 显示屏	元器件焊接
3	把手	浅灰色	ABS、硅胶	压模成型
4	杀菌模块外壳	白色	ABS＋PC＋钛白粉	磨砂注塑
5	净化模块外壳	白色	ABS＋PC＋钛白粉	磨砂注塑
6	万向轮	黑色	ABS、橡胶	高温炼造

3.4.3　APP 界面

APP 界面风格设计以紫色为主基调，简约、自然，符合安全杀菌的健康生活理念，内容包括注册登录、连接设备、杀菌模式、数据监测、商店服务和个人信息六部分，通过远程控制对产品下达指令或监测机器智能化运行工况与环境现状，通过服务商城中周边相关产品的推送，用户可在此过程中深入了解产品。无接触式深紫外杀菌器 APP 部分界面示意图如图 3-25 所示。

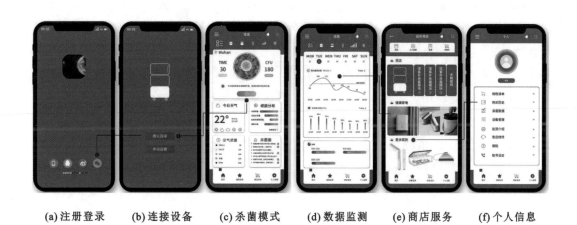

(a)注册登录　(b)连接设备　(c)杀菌模式　(d)数据监测　(e)商店服务　(f)个人信息

图 3-25　APP 部分界面示意图

在用户调查及方案可行性分析结果的基础上，立足于深紫外杀菌产品功能合理整合设计原则，在设计中充分考虑深紫外杀菌产品的功能整合范围，将杀菌、净化、除异味等功能融为一体，最终方案实现了深紫外杀菌、空气净化、光触媒除异味功能的整合，为其他产品的整合设计提供了一定的参考。

3.5 本章小结

本章以整合设计理念为基础，对杀菌家电进行整合设计，将模块化、分体式结构的概念运用到该产品中，拓宽了产品使用场景。利用 APP 对产品进行实时监测和控制，增加杀菌器的交互功能。采用分体式结构，灵活地实现不同空间的杀菌，同时将光触媒和深紫外线有效结合，从多功能视角满足用户需求。本章结合对整合设计和整合思维的理解，总结得出以下结论。

第一，整合设计作为一种特殊的研究方法，设计者在进行设计的同时，抛开极端的单一功能局限，打破传统枷锁，主张综合性的思考，开辟出一条新的设计思路。

第二，基于 SET-FAHP 集成模式准确地把握了用户需求的可行性与有效性，避免了产品设计与用户需求脱离的弊端，最大限度地满足用户不同层次的需求。

第三，将问卷调查、用户采访和整合设计理念相结合，对产品的迭代和新类别的发现具有积极意义。

通过本章的研究，期望后续针对深紫外杀菌产品的研究从以下几个方面展开：① 对市场上所有的竞争产品进行全面的分析，并且进行数据整理得出结论；② 调研对象最大限度地贴合产品的用户群，实施严密且多样的用户调查，掌握每一个可能成为痛点的细节问题，不仅限于家用，如将深紫外杀菌产品投放到更加需要杀菌的公共环境场所，如幼儿园、机场、社区医院等人流多的地方；③ 收集针对目标的定量信息，紧密把握用户需求，以优化用户体验为目标，设计出适合市场的优秀产品；④ 考虑功能、品质、时间、成本和经验，进行更严格的市场考察和把控，这样才能在设计道路上走得更远。

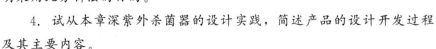 思考题

1. 产品设计中 SET 的三个层面是什么？
2. 产品设计中模糊层次分析法（FAHP）的基本思想是什么？
3. 在市场的宏观环境分析中，SWOT 分析法的含义是什么？说明采用此分析法的目的。
4. 试从本章深紫外杀菌器的设计实践，简述产品的设计开发过程及其主要内容。

扫码做题

第 4 章 多功能吹风机设计

4.1 引言

4.1.1 设计背景

近年来，在体验经济时代下，人们的消费需求逐渐增长，为了满足消费者各式各样的需求，产品不断地进行更新迭代。用户对产品的需求开始向多层次化、多维化及多样化转变，对同类产品存在不同的需求关注点。家电行业的多功能产品也不断推陈出新、繁荣发展。学者黄歆认为，在当前的市场细分中，多功能产品的根本价值在于满足不同用户的需求。学者王亚萍认为可以基于产品族的概念，在产品开发前端对产品进行多功能配置，以满足用户的不同需求。本研究探讨面向用户需求的多功能产品设计方法，致力发展"all in one"设计理念，并以家用吹风机为研究对象，为多功能产品的功能布局与系列化设计提供参考方向。

4.1.2 设计目的及意义

在客户需求不断变化、市场竞争日益激烈的经济环境中，面向单一用户需求的传统产品已不能适应客户的个性化需求，用户的需求随着环境和时间的变化而变化，因此要通过产品前期调研来了解用户的使用感受和满意度。只有拥有丰富的前期调研资料，设计阶段才能最大限度地实现产品包容性和精准性，从而能使绝大多数用户提高产品使用满意度。

本研究将在多功能设计概念的基础上分析用户需求，着重发现吹风机使用过程中的问题，对相关问题进行创造性思考，发现并解决多功能吹风机产品的现有问题，探究现有多功能吹风机产品在功能布局和设计中的不足之处，从而提高多功能产品在实际生活中的实用性，满足用户基本需求的同时增加吹风机的使用场景，提升用户的使用体验感，加快多功能吹风机的普及和应用。

4.1.3 设计内容

本研究运用用户需求分析方法对目标群体进行准确分析，并遵循多功能设计原则，结合多功能设计理念，将用户需求转化为产品功能，对吹风机进行创新设计。

首先从理念与现状进行分析。介绍多功能产品的设计理念及吹风机的市场现状和发展趋势，在多功能设计理念的基础上对市场上的吹风机进行分析。

其次从产品与用户需求的角度进行调研分析。确定调研流程，依据流程对市场上现有的产品和使用场景进行分析，通过问卷调研的方法了解用户基本情况，对数据进行分析，整理出问题点与需求点。

最后结合调研分析确定设计方案。根据多功能设计理念和用户需求确定产品的功能，绘制草图，确定方案造型，在通过筛选与优化确定最终方案后进行三维建模与效果图渲染，结合调研数据与人机分析进行立体模型制作，保证产品的合理性。

4.1.4 研究方法

本课题研究的内容结构复杂，为了确保内容的逻辑性和合理性，进行多层面研究，采用了多种科研方法，主要方法如下。

1. 文献研究法

通过查阅相关书籍及网络文献（知网等），获取与课题关联的多功能设计方法，充分了解国内外相关课题研究现状，确保课题研究有理可依。利用现代先进的互联网技术向用户搜集资料，不同环境、不同需求的用户参与到庞大的网络调查中，所得到的用户信息范围非常全面、广泛，网站对用户数据进行设置和自动分析。

2. 调研分析法

采用用户问卷调查法和访谈法等调研方法，对研究产品的目标用户和潜在用户进行深度调查，充分了解用户使用吹风机时的行为特征，为多功能吹风机的设计指明方向。在进行问卷调查的同时，所调查的问题都必须具有一定的目的性，将搜集到的用户需求进行加工和分析，提取有价值的信息，保证用户需求信息的可靠性、真实性，问卷可以用图表结合的方式，以提高问卷的可视性和直观性，从而让被调查用户更容易接受。

3. 用户模型法

创建不同用户的角色模型，设定不同人物角色在使用吹风机时产生心理和行为反应，有助于研究者在设计过程中更加直观地了解用户，便于设计出符合用户需求的产品。

4. 案例分析法

调查市场上现有的吹风机产品，分析、归纳目前家用吹风机的现状，挖掘它们存在的问题，探索问题产生的原因，并结合掌握的理论知识和调查结果，通过搭建相应的设计情形进行联想，搭建记忆认知模型，提出相应的原理和解决方案。

4.2　多功能设计理念

4.2.1　多功能设计概念

多功能设计概念本质上是产品功能的有机结合，主要依据用户在不同时间、环境下的需求。多功能设计以产品的功能整合为设计起点。产品功能主要包括三个方面，即产品的基本功能、心理功能和附加功能。

基本功能即产品的核心，能够给用户带来最基本的好处。心理功能即产品中可以满足用户心理需求的功能，是产品功能的重要因素之一。附加功能是指产品除基本功能外的其他功能，可将其归纳为两大类：第一类是根据产品的基本功能和用户需求的程度扩大产品的功能范围，例如可伸缩、可折叠的洗衣盆；另一类是不改变或增加产品的核心功能，在产品的使用过程中使用多样化的操作方式，将两种或多种产品进行有机结合，使产品之间既能分开使用，又能结合使用，例如附加空气净化功能的室内空调。由此可见，设计出以用户需求为侧重点的产品，最重要的是既要符合产品功能的发展规律，又要与用户的需求相贴合。

从设计的角度，我们可将产品的功能分为使用功能和审美功能。使用功能是指因使用产品而产生的价值；审美功能是指产品的审美特征和被赋予的价值取向。

根据使用功能和审美功能的侧重比，产品可分为功能型产品、审美型产品和价值型产品。功能型产品注重产品的使用功能和产品结构的合理性，例如木工雕刻刀（见图 4-1）。审美型产品在赋予产品基本功能的同时，更加注重产品的美观性，特别是在设计文化和时尚产品时，例如文化创意产品。价值型产品侧重于满足用户精神的需求，通常象征着用户的身份和地位。价值型产品中最具代表性的是奢侈品，例如百达翡丽手表（见图 4-2）。

图 4-1　木工雕刻刀　　　　　　　　　图 4-2　百达翡丽手表

在设计过程中，理解和把握产品功能在设计中的优先级至关重要。产品设计是围绕实际问题进行的创造性活动，旨在将解决问题作为终极目标。一般而言，在产品设计过程中首要解决的问题应当是产品功能。因为产品功能是产品最基本、最重要的特征之　。

产品并不是拥有越多功能就会越好。相反，过多的功能不仅会使产品难以使用，还会造成材料和成本的浪费。但产品的功能也不是越少越好，产品功能的削减极有可能导致产品在使用过程中遇到问题。除此之外，设计师在了解用户实际需求的同时，还应该考虑产品在使用过程中易于操作和使用。这是产品设计师在配置产品功能时要掌握好的关键因素。例如，我们日常生活中经常使用的洗菜盆就是很好的案例（见图 4-3）。在清洗蔬菜水果时我们需要浸泡和清洗，将沥水篮和洗菜盆合二为一的设计，可以使清洗过程更加轻松、便利。结合大部分家庭使用情景，在清洗餐后油污时需要使用清洁剂，善于发现问题的设计师就将清洁剂设计为内置式，放置于洗碗刷内部（见图 4-4），只需轻轻按压就能挤出清洁剂，能够边洗碗边按压，给清洁过程带来了极大的便利。这种多功能设计不仅提高了产品的易用性，还增加了产品操作过程中的趣味性。

图 4-3　多功能洗菜盆　　　　　　　　　图 4-4　按压式洗碗刷

4.2.2 多功能设计原则

1. 功能原则

从设计理论的角度来看，产品可以分为三个层次。第一个层次是产品的基本功能，即核心层面。第二个层次是消费者可以直接感知的，例如产品的价格、质量、外观和细节特征。第三个层次是产品的附加层次，即提供与产品售后相关的各种维修保养、质量保证、使用说明和预防措施等。针对消费者的心理特征，在设计产品时要考虑好产品的功能。因此，在设计的过程中尽可能充分地考虑产品的功能，用尽可能简单的方式使少量的模块组合成更多的产品，使产品能够满足精度高、性能稳、结构简、成本低这些特点，用有限的元素满足消费者最大的需求。

2. 美学原理

在多功能产品设计的过程中不能忽视美观性，不能因为过多功能的叠加，使产品外观变得呆滞。应当根据产品属性，选择合适的外观，包括色彩、材料及表面质感。

3. 安全原则

安全原则主要涉及产品材料安全、环境安全、功能安全、结构安全。多功能产品由于其功能的多样性，往往具有复杂的内部结构，特别是现代智能家居产品的内部电路和移动部件需要仔细设计，以避免对用户产生伤害。家电产品在进行设计时，尽量避免设计尖锐的结构，要提高产品的安全性，让它们使用起来更加安全、可靠。安全性首先要求结构稳固，结构是产品安全保障的基本，所以在进行家用电器设计时要保证结构设计的稳定性。

4. 易用性原则

产品设计的最终目标是服务于人类生活，使其更加便利。因此，在多功能产品设计中，应减少复杂的操作流程，简化用户的操作步骤，使人机交互更简单、更智能，使用户无需说明书也能轻松理解产品的基本使用方法。消费者对过于机械、过于复杂的家电产品可能会产生排斥心理，所以产品外观应简洁，让消费者在使用时便于操作。

4.2.3 多功能设计优点

1. 设计方面

从设计的角度看，通过与用户的充分沟通来确定功能价值的产品必然是优秀的。在设计多功能产品之前，设计师必须对用户的需求进行全面的研究和准确的预测，不仅需要通过设计途径满足用户自身的需求，还需要深入挖掘用户自身没有意识到的深层次需求。通过产品的附加功能，使产品更加贴近用户的行为操作和心理预期，从而促使多功能产品优势达到最大化。

2. 经济方面

对消费者来说，多功能产品的经济优势会直接反映在他们的购买欲望上。消费者有多功能要求时，可以购买多功能产品或者购买多件符合该功能要求的产品。对比两种选择，显然多功能产品的性价比更高，它不仅可以帮助用户以更低的价格购买满意的产品，而且还能节省大量的室内空间。

3. 环保方面

社会的不断变化和发展导致人们的生活条件发生了根本性变化。近年来，资源浪费和环境污染一直是人们关注的问题。多功能设计通过整合产品功能，使产品生产过程中的资源得到最佳利用，减少了对单一功能产品的重复消耗，符合绿色设计的概念。与其他单一功能产品相比，多功能设计在产品的制造、使用或报废过程中对环境造成的破坏和资源浪费相对较少。

4.2.4 多功能设计的现状与发展

在现代社会，人们不再满足于产品的基本功能，而是需要对产品进行更精细的设计。随着人口的增长和人均居住面积的减少，"all in one" 一物多用的设计需求日益强烈。满足用户需求的设计和多功能设计是现代设计的一大趋势。目前市面上已出现了许多诸如此类的多功能产品。例如，闹钟的基本功能是把人们从睡眠状态唤醒，而目前市面上新推出的智能唤醒功能通过现代数字技术重新定义闹钟，在闹钟设计上通过多功能手段将音乐、灯光和环境作为整体进行综合设计（见图 4-5）。"闹钟"不仅可作为小夜灯，还可以设定用户喜好的音乐和情境，让用户每天都可以在这种愉快而舒缓的环境中醒来。

目前市面上的多功能产品也存在一定的问题。例如，在许多情况下，商业公司使用多功能产品作为销售点，虽然该产品可能看起来具有很多功能，但实际上它并

图 4-5 智能唤醒闹钟

没有将所有功能整合到一个产品中，只是一味地叠加和堆砌。因此，在某些情况下
"多功能"产品只是一种吸引消费者购买的营销手段。可以说，大多数多功能产品
仅限于哄抬产品价格，并不能满足用户的实际需求。

　　尽管多功能设计相比于单一功能设计能够为用户提供更好的功能体验，但调查
发现，若只是针对其中一个功能来讲，多功能产品的使用效率在某种程度上并不如
单一功能产品那么高效。因此在这种情况下，多功能产品就不是解决用户需求的最
佳选择了。在设计过程中必须将所有功能元素进行有机组合，带给用户良好的产品
体验。因此，多功能设计不是简单地增加功能产品的额外功能，更重要的是在设计
多功能产品之前了解用户需求，适当整合和添加功能，开发出符合用户需求的多功
能产品。

4.3　吹风机概述

4.3.1　吹风机的部件

　　吹风机的部件主要分为壳体、电动机和风叶、电热元件、挡风板和开关五个部
分（见表 4-1）。

表 4-1 吹风机的部件

部件	作用说明
壳体	外部装饰件,对内部机件起保护作用
电动机和风叶	电动机装在壳体内,风叶装在电动机的轴端上。电动机旋转时,进风口吸入空气,出风口吹出风
电热元件	吹风机的电热元件是用电热丝绕制而成的,装在吹风机的出风口处,电动机排出的风在出风口被电热丝加热,变成热风送出。有的吹风机在电热元件附近装上恒温器,温度超过预定温度的时候切断电路,起保护作用
挡风板	有些吹风机在进风口处有圆形挡风板,用来调节进风量。进风量少,吹出来的风就比较热;进风量多,吹出来的风就不太热。要注意,风口不能挡得过多,否则会因为温度过高而损坏电动机或者烧坏电热元件
开关	吹风机开关一般有"热风""冷风""停"三档。有的吹风机的电热元件由二段或者三段电热丝组成,用来调节温度,由选择开关控制

4.3.2 吹风机的工作原理

吹风机主要依靠电动机驱动转子带动风叶旋转,在风叶旋转的过程中,进风口会吸入空气,形成离心气流,再从风筒前嘴吹出。而冷、热风挡主要受风嘴中的发热支架控制,若发热支架上的发热丝已通电加热,则会吹出带有热气的暖风;若在手柄上选择"冷风"档,则发热丝不会通电加热,吹出冷风。

4.4 基于用户需求的吹风机产品设计调研

在工业设计中,用户需求往往与情感化设计和人性化设计息息相关,了解和分析用户需求,在一定意义上就是探究人的心理活动的过程。用户需求最核心的部分就是消费者在体验产品时内心的感受。一件产品的体验度是定义产品质量的重要因素。

4.4.1 用户需求的理念

早在 1943 年,美国社会心理学家亚伯拉罕·马斯洛在《人类激励理论》一书中提出了"马斯洛需求层次理论",他将需求层次理论分为阶梯状的五部分:生理需求、安全需求、归属需求、尊重需求和自我实现需求(见图 4-6)。需求成阶梯状分布，由低层次到高层次逐渐递增实现需求。正如产品设计的发展过程，产品在开发期以简单、实用为目的，随着科学技术的发展和人们对产品需求的扩增，产品逐渐变得复杂且更加具有文化意义，再次表明以用户需求为基础的产品设计充分符合用户在生理需求和心理需求上层层递进的心理活动变化，也是一种由物质需求向精神需求转化的过程。唐纳德·A.诺曼曾说，好的设计不是产品有多美观的造型和多强大的功能，而是使用者不需要说明书就能很好地操作产品。总的来说，好的设计就是遵循用户的需求和使用方式，将产品赋予情感化的设计。产品开发与设计成功的重要前提就是用户需求，在设计一件产品时，设计师需要充分了解此类型产品的基本概况，并设身处地地了解用户的内心期望，从用户的角度出发，根据用户的不同需求分析产品的设计要素，分析用户需求，在一定程度上产品是人在生理、环境、文化等方面的特定需要。清楚地了解用户需求是一个艰难且漫长的过程，一件产品从设计到最终使用都会投入大量的时间、人力、物力。在对用户进行访谈时，用户会表达产品在使用时的优点、不便之处和希望如何改进等观点，但对自己真正需要什么样的产品难以表达，所以用户的这种隐性需求无法被清晰地呈现出来，于是就需要设计师以人为中心进行设计，积极、主动地了解并挖掘用户的隐性需求，设计一件真正满足人们需求和给用户带来愉快体验感受的产品。

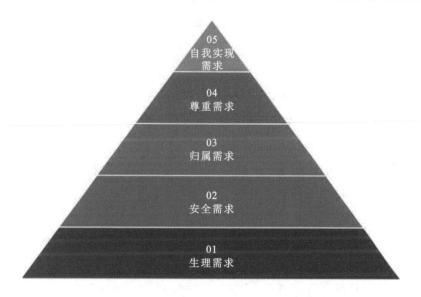

图 4-6　马斯洛需求层次理论

因此，在产品设计的过程中，了解用户需求、将产品需求与需求层次理论相结合、将用户需求与产品设计相结合、将用户需求放在产品设计的重要位置等是产品设计流程中不可或缺的部分。

当今社会，随着经济发展水平、科学技术发展水平、文化和教育水平的不断提高，人们的需求层次也随着时间的推移而变化。功能单一的吹风机只能满足最低层次的生活需求，不能满足用户逐渐增加的需求。

设计行业提倡的是以人为中心的设计、通用设计和无障碍设计等设计思想，这些思想都证明了在设计过程中设计师应加强对用户需求的重视、考虑用户的实际需求。在吹风机的多功能设计过程中，设计师应该切身体会用户需求，用户不仅需要获得吹风机吹干头发的核心功能，还希望获得一些能与吹风机相结合的附加功能。因此吹风机除了具有吹干头发的功能外，还应具有一些附加功能，以满足用户的心理需求。

4.4.2　用户需求在产品设计中的重要性

"以人为本"的设计理念是用户需求的核心，是以人的需求为出发点，设计出符合人们实际需求且提升人们体验感的产品。1907年，美国芝加哥建筑派领军人物路易斯·沙利文（Louis Sullivan）提出"形式服从功能"，这对西方各国正在探索一种新的设计理念替代落后的装饰主义和折中主义设计方法的设计师而言，无疑是一剂通过设计实现他们"济贫救世"理想的良药。处于大工业生产条件的情形下，"形式服从功能"的设计理念尤其符合人们对产品批量化、标准化和实用化的要求，因此得到了当时工业设计界的普遍拥护和支持。"形式服从功能"是解决物质匮乏年代人们对基本生活、生产资料需求的一种手段而已，真正的设计是在满足用户需求的前提下进行的。所以，设计需要我们不断推陈出新、实事求是，顺应时代的需求，在满足产品形式的同时要注重产品的功能。因此，在设计时要重点考虑用户需求的重要性，现归纳为以下几点。

（1）清晰明了地确定产品市场的目标用户群，使市场提前了解即将生产的产品，并对其进行系统的理解。

（2）根据用户对产品的期望，以及大致的外形、功能的需求，制定大致的设计方向，确定产品的可行性和发展性方案，奠定产品的基调。

（3）设计是为了方便人，更好地了解用户需求。在社会不断变化发展的同时，设计师应跟上用户的需求，不断推陈出新，在关注产品本身设计的同时，还应该注意人们的使用习惯、使用情况和用户的思维习惯等，从日常生活中观察用户的使用细节，从而将其更好地融入设计，提升用户体验的幸福指数。

（4）掌握市场的动态。好的产品会一直引领市场走向，不符合市场发展的产品将会被淘汰，新的事物是在一切旧事物的基础上所做的改进，进而变得更加符合人们的审美和需求。

4.4.3　用户需求的来源分析

在对产品进行设计之前，对用户进行用户需求调研是必不可少的环节，因为满足用户需求最有效的方法就是对即将进行设计的相关要素进行调查,让用户与设计师一同参与设计,使设计师明白用户的隐性需求并进行分析总结。获取用户需求是设计师进行用户分析最重要的环节,其影响用户需求分析过程中数据的真实性、可靠性,其一般采取用户调研的方式。

不同用户的文化背景和环境因素不同,不同用户有着不同的需求,确定目标用户群体是调研的第一步,即明确产品的使用人群。为了用户调研的准确性和范围的最大化,寻找的目标用户的身份背景、社会环境差异越大,得到的用户需求涵盖面越广泛。通过问卷调查、用户访谈等方式最大化、标准化地在用户身上得到真实、有效的用户需求信息,根据用户需求的方向构建用户需求定量指标。为了更好地明确产品的使用人群、保证产品设计最大限度地满足用户的需求、提升用户的满意度和体验感,具体做法如下。

(1) 通过预测将目标用户分类,缩小用户范围,借助问卷调查的方式对用户进行调查、筛选,分析主要目标用户的使用方式和使用环境。

(2) 根据用户的特征进行分析,详细描述用户对产品的需求和期望,从而构建显性用户需求指标,为后续的用户访谈做好基础。

根据建立的显性用户需求指标,结合用户访谈结论,构建典型的用户角色设计,归纳、整合用户需求,进而建立具有真实、可靠的产品设计需求依据,指导设计要素的分析。

4.4.4　吹风机设计调研流程规划

在进行最终的多功能吹风机设计之前,首先要制定设计流程来指引我们从多方面了解目前的产品现状。如图 4-7 所示,设计调研流程分为四个部分:① 市场调研,通过案头分析法对市场现状进行调研,获得真实数据;② 用户研究,通过查阅资料、问卷调查和实地考察对用户群体的各方面进行分析,了解并获取用户需求;③ 需求分析,将获取的需求进行数据分析并等级化排列,衡量产品各方面的优先级,明确设计的核心问题;④ 设计应用,针对主要问题进行分析,结合多功能设计原则和机会点进行方案草图设计,将相同性能的产品进行结合,从而设计产品。

4.4.5　吹风机市场调研与分析

家电业发展情况从无到有、从小到大、从弱到强,时至今日,中国家电业迈入了茁壮成长期,成为名副其实的"大市场"。在产品质量和稳定性上,厨卫、家居、生活类家电都获得了稳步提升,产品技术含量也得到加强;在营销网络构建上,已经在全国范围内形成了一批专业的家电代理商、经销商,并在国美、苏宁等连锁卖场体系中占据了重要比例。

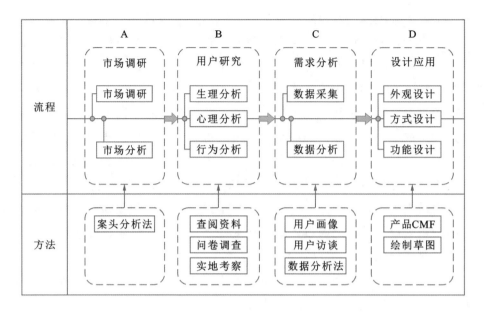

图 4-7　设计调研流程

但同时，家电行业也出现了较多的问题，如安全实用性、质量保证、营销服务体系问题多，家电同质化严重，创新能力低，行业竞争混乱，价格战频繁等。因此，家电企业要树立品牌价值观，注重产品的创新，积极进行技术开发，调整质量与利润的关系，注重售后服务体系的建立。与传统家电产品不同，家电在中国的销售仍然处于发展阶段，随着消费者需求的增加，家电产品的种类和数量都在增加，家电平均利润率高，为企业带来的收益也高。

1. 现有产品造型趋势

随着消费的升级，多功能吹风机要获得持续的发展，就要在产品的设计、功能的附加、材质的选择等多方面予以突破。然而，因为产品较为简单，有些企业想突破却无所适从。总体来说，多功能吹风机未来的趋势大致呈现出品质高，外观简洁，功能人性化、智能化等特点。

（1）品质趋势。

消费者对家电产品的需求已经从物质需求向精神需求转变，越来越注重产品品质的体现。而决定产品品质的要素很多，如材质的选择、产品的工艺等。

（2）科技趋势。

智能化的趋势也同样体现了消费者的精神需求，科技感、智能化也是表达方法之一。例如，根据需求设定和温度显示，使用负离子保护发质等功能。因此，科技与个性化是相关的。

（3）简约趋势。

人们越来越倾向于从繁忙的工作中解脱出来，回到简约生活。因此，产品设计上的简约化也是中高端消费者所追求的。

（4）装饰理念趋势。

家电在家居中的装饰地位越来越重要，因此装饰理念将是未来的发展方向之一。

从外观类型看，市面上的吹风机造型逐渐趋向于小巧、便携，还推出了无线吹风机及充电吹风机，用户不必担心收线的麻烦，外出旅行或出差时也不必担忧是否有电源。外观色彩上逐渐符合人机工程并迎合现代年轻人的审美需求，摆脱单一、陈旧的样式，运用更加丰富的色彩来释放个性，满足不同群体的情感需求。

2. 现有产品色彩趋势

目前，国际流行趋势分成三部分。

（1）环保色彩。

人类生活受环境影响，而设计与环境和人类生活息息相关，因此对环境和自然，人类在心理和情感上给予应有的重视显得极其重要。安静、含蓄的柔和色系以其清新的视觉效果受到欢迎。另外，冷色与暖色、中性色与鲜艳色的融合与协调兼有自然和人工的优点。鲜艳的色彩因天然的多变性而显得和谐宜人。

（2）金融危机下的色彩。

受全球金融危机的影响，一方面，人们的心态归位低调、沉稳、谨慎和务实。以灰色为基调的中性色开始在时尚界回归。另一方面，面对低迷的市场，各个商家开始大打色彩牌，用鲜活、明快的色彩刺激消费者的视觉，提倡积极的态度面对经济危机。

（3）情感色彩。

保罗·克里曾说过：我们要用一只眼睛来观察事物，用另一只眼睛来感受事物。所以我们要把情感添加到产品设计中，色彩是激发情感的最佳媒介。例如，给电视加点宁静，给冰箱加点欲望，给手机加点冷艳等。

从国际流行色委员会制定的国际流行色彩趋势背景可以看到，未来生活强调低碳环保、降低自身的欲望、放慢节奏、过简单快乐的生活。色彩展现强调自然、健康、纯净、温暖、希望、乐观的意识。产品色彩如图 4-8 所示。

3. 现有产品使用功能趋势

吹风机产品作为最常见的小型家用电器，在家庭和酒店中广泛使用。随着消费者对自我形象重视程度的不断提升，以及对高品质生活的追求，吹风机的使用需求也随之不断扩张。另外，女性消费者为追随时尚浪潮，会时常更新已拥有的吹风

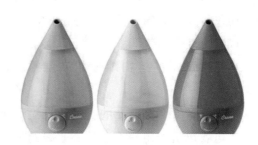

图 4-8　产品色彩

机。这使得产品更换的频率保持在相对较高的水平，从而进一步扩大了整个吹风机市场的规模。

从功能类型看，吹风机的功能正全面升级。恒温和负离子等护发功效的吹风机更受消费者欢迎。恒温干发功效的吹风机的市场占有率为 53.10％，拥有负离子功能的吹风机市场占有率为 41.94％。降低噪音同样是用户期望改善的功能，使用时避免噪音过大，人与人之间便于交流。此外，具有胶原蛋白修护功能的吹风机能给消费者带来更加美观、理想的发型。时下流行的低噪音、零辐射吹风机，甚至具有美肤模式黑科技的美肤吹风机也逐渐获得女性消费者的青睐。可以看出，吹风机这一品类市场逐渐被各类多功能、高性能的黑科技升级换代。

市面上现有吹风机中大多数还仅停留在吹干头发这一功能，缺少多功能设计理念，因此可以尝试调研分析其他多功能产品的设计思路，从中找寻设计灵感。

目前，由于多功能小家电体积小巧、灵活方便、品类丰富，其已涉及现代生活中的方方面面，成为现代消费者生活中的必备品。

TESCOM 吹风梳（见图 4-9）就增设了吹梳合一、负离子功能，以满足大部分女性期望干发时兼有护发和造型功能。最重要的是它还加入了山茶花精油成分，辅以 2000 万/立方厘米负离子中和静电，可以让用户在吹发的过程中抚平头发的毛躁，打造精致护发的理念。

4.4.6　问卷调查

图 4-9　TESCOM 吹风梳

在进行用户需求总结的前期，通过调查问卷（见图 4-10）收集用户对多功能吹风机设计需求方面的相关问题。网络发放问卷 100 份，收回有效问卷 94 份。调查问卷结果如图 4-11 所示。

多功能吹风机调查问卷

1.您的性别是（　　）。

A.男　　　　　　　　B.女

2.您的年龄是（　　）。

A.18～25　　　　　B.26～30　　　　C.31～35　　　　D.35～40

E.40岁以上

3.您的学历是（　　）。

A.初中及以下　　　　B.高中/专科学校　　C.大学本科　　　　D.硕士及以上

4.您的职业是（　　）。

A.学生　　　　　　　B.公司职员　　　　C.公共事业人员

D.自由职业者　　　　E.其他

5.您的月收入是（　　）。

A.2000元以下　　　　B.2000～4000元　　C.4001～6000元　　D.6000元以上

6.您的房屋居住面积大约多少平方米？（　　）

A.30 m²及以下（宿舍）　B.30～60 m²　　　C.61～90 m²

D.91～110 m²　　　　E.110 m²及以上

7.您对多功能家电产品是否有一定了解？（　　）

A.非常了解　　　　　B.比较了解　　　　C.一般了解

D.不太了解　　　　　E.没有了解过

8.您家的吹风机使用频率大概一周几次？（　　）

A.没有使用　　　　　B.1～3次　　　　　C.4、5次

D.6、7次　　　　　　E.8次及更多

9.您是否认为吹风机使用功能单一？（　　）

A.认为功能单一　　　B.不认为功能单一　C.其他

10.您家的吹风机除了吹头发以外还有其他用途吗？（　　）

A.熨烫（使衣物平整）　B.烘干　　　　　C.加热　　　　　D.其他

11.您认为传统吹风机有哪些地方需要改良？（　　）

A.功能方面　　　　　B.造型方面　　　　C.结构技术方面

D.使用体验方面　　　E.其他

12.对于将吹风机多功能化，您有什么建议？

_____

13.您对多功能吹风机的青睐程度如何？

_____

图 4-10　多功能吹风机调查问卷

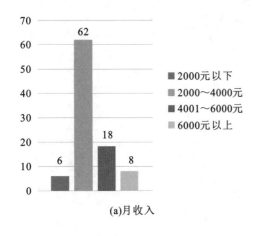

(a)月收入

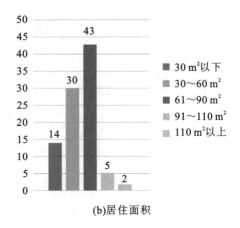

(b)居住面积

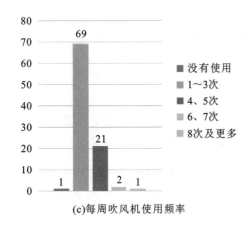

(c)每周吹风机使用频率

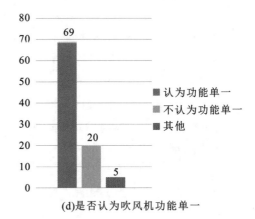

(d)是否认为吹风机功能单一

图 4-11　调查问卷结果

4.4.7　用户访谈

用户访谈法类似于无领导讨论、头脑风暴，引导成员对目标话题进行自由畅谈，记录人员相关信息，并概括得出结论。网络很合适作为沟通平台，不受地点和时间的制约。网络平台相对放松的形式也能够促使被访谈者畅谈自己的想法。因此本研究利用网络平台，采取一对一的用户访谈形式，选择了三位不同职业的人员访谈，主要针对被访谈者对吹风机的使用体验进行交流。通过对访谈的整理，得到 3 位被访谈者对吹风机的体验评价（见表 4-2、表 4-3、表 4-4，为保证信息的原始，评价皆是被访谈者的原话记录）。

表 4-2　一对一用户访谈吹风机体验（一）

周斌 （本科生）	体验吹风机	
	松下	型号 EH—ENE2

（1）经常对头发进行烫染，看到是负离子吹风机，对头发伤害小就买了

（2）风力很大，很快头发就吹干了

（3）吹完之后头发会很柔顺

（4）一直吹热风，时间长了外壳会有点发烫

（5）不吹头发的时候就闲置在那里，有点占用空间

表 4-3　一对一用户访谈吹风机体验表（二）

李欣怡 （艺术家）	体验吹风机	
	小米	型号 H100

（1）造型很简约，颜色也很好看

（2）风嘴很容易掉下来，一不小心碰到就掉了

（3）风很柔和，不算很强劲的风力

（4）疫情期间洗手比较多，毛巾长期处于潮湿状态，会有很多细菌，我看到吹风机想到要是吹风机也能烘手就好了

（5）吹的时间久了发烫，会有安全保护，自己就断电了

表 4-4　一对一用户访谈吹风机体验表（三）

赵玲玲 （新媒体从业人员）	体验吹风机	
	飞利浦	型号 HP8120/5

（1）颜色很粉嫩，满足了少女心

（2）自己的发量比较多，吹风机太小了，虽然风力很大，但是吹干头发要很久

（3）热风只能开到一挡，开最大挡会有焦糊的味道

（4）体积小，出门很方便携带，占用空间小

（5）每次洗完头发，湿手去使用吹风机有点怕触电

根据问卷调研数据显示，月收入为 2000～4000 元、居住面积 61～90 m^2、每周使用吹风机 1～3 次的人数最多，认为吹风机功能单一的人占大多数。这类人群收入较低，购买能力有限。他们希望能在有限的空间拥有一款多种功能的产品，不仅能满足生活需求，还便于收纳，节省空间。因此，设计一款价格合适、不占用太多空间、能够满足吹发需求和一些其他需求的吹风机为本次设计的重点。

另外，通过用户访谈，更加具体地了解到用户使用吹风机的感受和看法。除了体积、色彩造型及吹风机噪声这些问题外，用户还反馈了担心吹风机触电、吹风机不吹头发时的放置问题，希望吹风机有烘手功能。

因此，通过对多功能小家电产品的调研和用户需求的了解，本研究综合考虑后决定将吹风机与拥有同类属性的家电产品——烘手器相结合，以此进行下一步的设计。

4.5　多功能吹风机的创新设计实践

4.5.1　功能分析与功能评价

1. 功能分析

功能分析是从研究对象的功能出发，系统分析产品对象具有的功能和用户所需的功能，把研究对象的功能进行抽象而简明的定性描述，并将其分类、整理和系统化的过程。功能分析包括功能定义、功能分类、功能整理。

（1）功能定义。

功能定义是把研究对象及其各组成部分的功能用简明扼要的语言准确地表达出来。功能定义的过程是一个创造性的思维过程，是透过研究对象功能的物质结构深入功能的系统研究的过程。在产品设计的最初阶段，并没有具体结构，只有该对象功能这一抽象概念，功能定义是逐步形成系统既定功能和具体结构的出发点。

准确的功能定义要遵守以下几点原则：① 采用动名词精选法，即一个动词加上一个可计量的名词，例如保温杯的功能定义为"保持温度"；② 避免采用暗示性的建议词语，例如若将"传导电流"这一功能定义为"提供电池"，该功能的本质就会被偷换概念，电池会被暗示是唯一传导电流的方式。

（2）功能分类。

就用户需求而言，研究对象及其各构件所具有的全部功能所起到的作用是不同的。为了深入了解研究对象的功能系统，确定功能对用户的重要程度和功能性质，需要对研究对象的多种功能加以分类。

　　产品功能按照用户对产品的需求程度可分为基本功能和辅助功能；根据用户的使用要求可分为使用功能和审美功能；从功能之间的从属关系可分为上位功能和下位功能；依据用户对功能实现的量与质的要求可分为不足功能与过剩功能、必要功能与不必要功能等。基本功能是为达到使用目的不可缺少的功能，是产品存在的基础，例如手表的基本功能是显示时间。辅助功能是基本功能的相对必要部分，也称二次功能，从属于必要功能，是在基本功能实现过程中附加的必要功能。使用功能是给用户带来使用效用的功能，即能够达到某种特定作用的功能。审美功能是指产品的外观和艺术功能。必要功能是用户所需的，并构成产品可用、易用、好用的本质功能。不必要的功能是用户不需要的功能，主要包括过剩功能、重复功能等。不足功能是指产品的整体功能水平低于标准功能水平，无法满足用户需求的功能。过剩功能是指产品功能水平超出标准功能水平，超过用户需求的必要功能。产品对象的总功能是由多个子功能构成的，上位功能和下位功能也可称为母功能和子功能，两者是目的和手段的关系。

　　（3）功能整理。

　　功能整理是分析功能定义的准确性，根据用户需求对产品的定义功能进行分类，系统地分析各功能之间的关联，将其整理形成一个完整的功能系统。功能整理的常用方法就是系统化功能分析技术（简称 FAST）图解法，即功能系统图。功能系统运用"目的-手段"逻辑关系（见图 4-12），为实现产品对象整体功能，从各级目的功能出发，不断寻找实现该目的的各种手段功能，明确产品对象各个功能之间的关系并形成功能系统。功能系统如图 4-13 所示，F_1、F_2、F_3 三组并列功能为第一层级功能，是"目的"功能 F_0 的手段功能。F_{11}、F_{12}、F_{21}、F_{22}、F_{23}、F_{31} 分别为三组功能的第二层级功能。三组功能形成的子系统构成了 F_0 的几个功能领域。

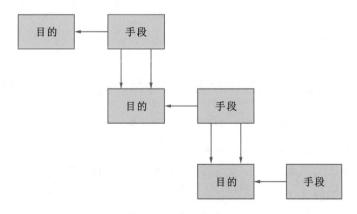

图 4-12　"目的-手段"逻辑关系

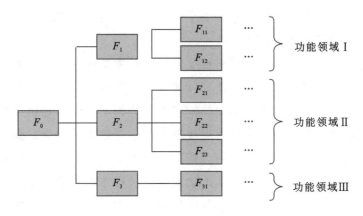

图 4-13 功能系统

2. 功能价值评价

功能价值评价就是通过功能的目前成本与目标成本的比较，选出功能价值低、改善期望值大的功能作为改进对象，发挥功能价值的创造性思维，达到最大限度地改善其价值的目的。由功能价值工程公式 $V=F/C$ 可知，功能是绝对量，成本是相对量。在产品功能价值计算中，根据功能、成本的绝对量和相对量，采用相对值的价值指数法，将功能重要度系数与功能费用系数相比，求出功能价值系数以判断产品价值大小。

相对值法求解如下。

设功能价值对象有 n 个功能，每个功能得分分别为 F_1，F_2，$\cdots$，F_n，功能费用分别为 C_1，C_2，$\cdots$，C_n，则功能系数为 $F_C = \dfrac{F_n}{\sum F_n}$，费用系数为 $C_C = \dfrac{C_n}{\sum C_n}$，

价值系数为 $V_C = \dfrac{\dfrac{F_n}{\sum F_n}}{\dfrac{C_n}{\sum C_n}} = \dfrac{F_C}{C_C}$。

4.5.2 多功能吹风机设计的功能、成本、价值相关性分析

产品寿命周期费用（即成本）与功能之间有着内部联系。产品设计生产环节的复杂性影响实现功能的成本因素过多，而功能水平的实现与费用成本紧密相关，所以相对来说，功能与成本之间的关系具有的不确定性是相对的。一般经济环境下，产品成本随功能的提高而增加，两者有正相关性，如图 4-14 所示。

由图 4-14 可知，在上升曲线左边的低功能区域，功能曲线上升幅度大于成本曲线上升幅度，价值呈上升状态；在上升曲线右边的高功能区域，功能曲线上升幅度

小于成本曲线上升幅度，价值呈下降状态。在产品设计中片面要求高功能，会导致成本增加，价格高昂；而一味降低成本，则会导致功能不足，更不能提高多功能吹风机的价值。所以，在多功能吹风机设计中只有以相对较低的成本实现适宜的功能水平，避免产品功能不足与过剩，节约资源才能相应地提高产品价值，提高企业与社会效益。提高多功能吹风机价值的前提是要分析、确定产品当前功能的优劣状态，如图 4-15 所示，当多功能吹风机处于高功能区域 B 时，实现功能的成本过高，应降低成本来提高价值，或适量删减多功能吹风机的过剩功能；当多功能吹风机处于低功能区域 A 时，成本增长幅度大于功能提高幅度，此时应在成本相对小幅度增长或不变的情况下以提高产品功能为主来提升产品价值。就目前市场上多功能吹风机的功能与设计研究的不足状况而言，多功能吹飞机的功能改善与提高还有很大空间。

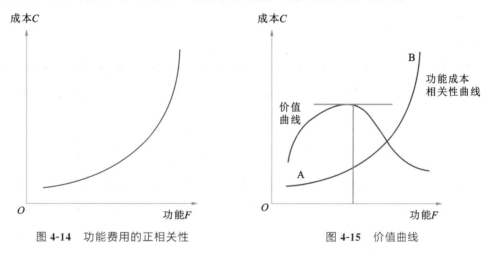

图 4-14　功能费用的正相关性　　　　图 4-15　价值曲线

4.5.3　多功能吹风机设计的价值最大化

从功能价值工程视角来看，多功能吹风机通过产品系统创新设计，使产品综合功能最大化、综合成本最低化，从而实现产品综合价值最大化。

（1）多功能吹风机综合功能最大化。

多功能吹风机的创新设计从功能价值的角度来看是功能的创新。从综合功能最大化视角来看，功能包括用户的安全使用和精神关怀功能、企业的商业利益功能、社会效益（资源、生态）的效用功能。从用户角度对产品进行价值分析，在多功能吹风机设计中满足使用者的安全使用与精神关怀功能；实现产品的必要功能，提高使用者的使用体验，提高产品价值的竞争力；通过对产品功能的价值分析，消除过剩功能，增加欠缺功能，促进产品资源有效利用，从而降低产品负面的社会影响。

（2）多功能吹风机综合成本最低化。

从功能价值工程的价值表达式 $V = F/C$ 中可以看出，多功能吹风机的最低综合成本是指成本相对值，而非绝对值。在多功能吹风机设计创新中，关注的费用成本是设计与使用全过程的费用成本，包含设计制造和使用成本。但是目前在许多产品成本核算中，大部分考虑设计制造成本，很少考虑用户使用成本。在创新设计过程中，选择适当的功能、成本最佳点需要衡量产品是否满足用户需求和企业利益需求，产品综合成本在社会经济角度是否最低。多功能吹风机在设计阶段考虑用户的需求，最大限度地考虑用户使用过程的舒适度与方便性，虽然需要花费一定的费用，但多项功能的整合能节省用户使用过程中的成本，是更为经济的产品发展途径。在满足用户所需功能的前提下，以最低成本实现产品功能价值最大化。

（3）多功能吹风机综合价值最大化。

产品设计中的价值是客观存在的，设计价值是人创造实践活动的结果，起到服务人、服务生活、发展社会的作用。功能价值在产品设计中是对成本、功能结构的创新优化与产品价值的提升。产品创新设计是经济价值、自然生态价值、与人主体有关的人本伦理价值、艺术审美价值的有机统一。由此，通过增强产品综合功能（用户使用功能 F_1，市场交换功能 F_2，环境效用功能 F_3）、降低产品成本 C，实现产品价值 V 的创新，即最大化用户功能价值、经济价值、社会效益价值。价值模型表示为 $V = \dfrac{F_1 + F_2 + F_3}{C}$。

一切设计均服务于人，而要服务于人，实用性是必备基础，这是设计的最初价值，实用价值是评判设计的基本标准。人除了生理、生命状态外，还有心理、情感、创造、社会交往等状态。因此，设计价值是包括物质实用和精神审美在内的综合作用。产品设计价值最大化研究应广泛联系到与用户有关的实用及精神范畴、企业利益范畴、自然生态范畴。在功能价值工程角度，多功能吹风机价值的规范功能体现在三个方面：第一个方面是调整人与物之间的关系，使多功能吹风机满足用户的使用功能；第二个方面是调整人与自然之间的关系，使多功能吹风机设计最大限度地利用社会与自然资源，物尽其用，减少资源消耗和生态破坏；第三个方面是调整人与社会之间的关系，价值最大化的多功能吹风机产品既能满足产品商业利益，又能促进市场及社会对多功能产品的重视。

4.5.4 多功能吹风机设计过程中的功能解析

针对多功能家电产品设计，应该对用户真实的生理、心理特征及行为特征进行梳理，深入挖掘由这些特征所反馈出的用户的潜在产品需求。让使用者的实际功能需求与设计输出相契合，构建安全、易用及人机交互良好的多功能吹风机产品，以提升多功能吹风机产品的用户体验与产品价值。

就马斯洛需求层次而言，用户在每个需求层次上对产品的功能需求不同，因此需要对用户的功能需求进行不同层面的分析。我们将用户的功能需求定义为 F；在最低需求层次上，需满足用户对吹风机产品的吹干头发的一般功能需求 F_a；在安全需求层次上，需满足用户使用吹风机时的安全保障功能需求 F_b；在爱与归属感的需求层次上，满足用户情感上的关怀功能需求 F_c；在尊重需求层次上，确定吹风机产品的功能特性及象征意义，使产品功能输出符合用户需求，满足用户的尊重功能需求 F_d；在多功能需求层次上，需满足用户使用产品时的多功能需求 F_e。

功能价值工程中功能的本质特征是指产品对象能够满足人们需求的属性。满足用户需求的属性凝结在客观的多功能吹风机产品中，与人的主观使用感受有关。因此，功能的本质特征既是客观的物质使用属性，又包括主观的用户感受。与马斯洛需求理论一样，多功能吹风机产品的功能需求层次同样是从基本物质到精神层面的逐级递增。因此，多功能吹风机产品设计首先考虑的需求应是生理及安全的基础功能需求。其次，从使用的舒适性角度出发，考虑用户的尊重与自我实现需求。在最大程度上让产品实现用户较高层级的功能需求 F，即 $F_a+F_b+F_c+F_d+F_e$，提高产品价值，从而吸引和满足不同类型的消费群体。

4.5.5　基于功能价值工程理论的多功能吹风机产品设计原则

1. 提高用户功能满意度与人文关怀原则

根据马斯洛需求层次理论，人的需求分为五个层次，依次从物质生理层面上升到心理精神层面。用户对产品的功能需求也是由客观物质性使用需求到主观精神性情感价值需求。因此，在多功能吹风机产品设计中，需要从人文关怀价值角度对用户需求和吹风机产品功能进行分析，确定产品的安全保障、使用功能和精神关怀功能为多功能吹风机的必要功能，以提高用户对功能的满意度。

在需求层次中安全需要处于第一阶段低层次的本能需求，因此多功能吹风机产品的安全性应放到首要位置。首先，从人的安全本能需求出发遵循产品安全性设计原则。分析多功能吹风机产品与用户使用产品过程中潜在的危险因素，将危险因素融入产品规避风险设计中，使产品具有预估功能，在用户使用产品的过程中能够起保护作用。通过造型、结构、功能识别、容错性、警报和反馈等设计来消除和控制各种危险，从而为用户提供舒适、安全的多功能电器产品。其次，在物质使用层面，吹风机产品设计应尽量简化操作、提高人机交互效率，使产品的反馈适应用户群体的心理和生理需求，从而提高多功能吹风机的易用性及功能的实现程度。再次，在情感精神层面，多功能吹风机产品应该拓宽产品的功能，将关注产品的机械性能、操作转向关注用户心理。考虑用户的心理感受，将多功能吹风机产品设计建立在与用户的情感共鸣之上，满足用户对多功能吹风机的造型、色彩方面的审美需求，以及自理、自尊的自我实现需求。

2. 控制成本与企业获利原则

多功能吹风机产品功能以用户需求为依据，无节制地追求功能创新、高水平和多功能，必然会导致产品成本的增加和交换价值的降低。产品价值涉及用户与企业，在提高用户功能满意度的同时，还需考虑产品交换价值的实现与企业效益。在多功能吹风机产品创新中站在企业角度，将设计、产品、市场消费、使用、报废环节中的成本作为创新评估要素。以商品价格的形式反应吹风机产品成本，通过市场销售淘汰高成本的多功能吹风机创新产品，减少企业不必要的产品成本支出。在设计过程中，整理、删减多功能吹风机产品过剩和不必要的功能，减少费用周期成本支出，力求以相对合理的成本，实现多功能吹风机产品必要功能的可用性、易用性，促进物美价廉的多功能吹风机产品在市场流通，从而促进产品价值实现，企业获利。

3. 义与利的统一原则

与用户、企业、社会需求相关的产品因素包括产品的功能、形式、成本和价值。提升多功能吹风机产品价值，促进消费者满意功能、交换促进功能和社会公益功能的统一，需要平衡与产品相关的功能、成本、形式之间的关系，使各个要素之间均衡发展。因此，在多功能吹风机产品设计中，将商业利益、社会效益与用户功能相结合，促进人与社会的和谐发展。其本质在于达到义与利的统一。

（1）功能与成本的统一。

优化功能的同时控制成本，系统地分析产品的功能结构，通过成本约束，使每个功能之间相辅相成且实用，提高产品利用率，减少资源浪费。

（2）功能与形式的统一。

随着生活水平的提高，人们的审美观也日益提升，对产品有一定的审美需求。造型外观是功能的载体，功能的实现不应以牺牲造型美为代价，优化功能的同时需要美化产品外在形式。

（3）形式与成本的统一。

产品外观造型具有传递信息的作用，粗制滥造的外观影响用户对产品的第一印象，从而降低产品市场竞争力。因此产品设计中，在控制成本的同时，还需满足人们的审美需求，美化产品外观。

4.5.6 设计来源及思路

经过上述研究，决定将吹风机与同属性产品烘手器相结合，设计成家用多功能吹风机。使用场景为浴室墙面。本产品整体悬挂于浴室墙面，作为整体时，可当作烘手器使用；作为个体时，可作为吹风机使用。这样本产品既可以吹干头发、烘干双手，又能解决吹风机闲置时的收纳问题。

在 3D 建模之前，首先需要了解产品的各项数据。在案头调查过程中查找相关资料，了解市面上常见的吹风机尺寸、材质、结构、功能和价格，确定多功能吹风机的各项数据。了解数据后，需要深入思考产品的样式。根据先前调查获得的信息及观察到的目标用户的行为习惯，绘制设计草图（见图 4-16），仔细检查整体形态，然后使用犀牛 Rhino 软件尝试模型制作。在模型的基础上，模拟用户的使用状态，有助于更好地开发后续的模型。它一方面可以使模型数据更加准确，另一方面可以使模型更具科学性。

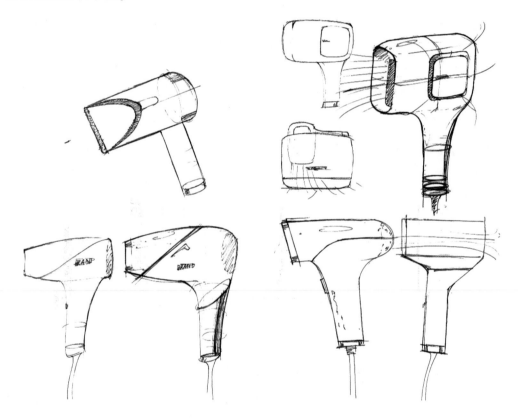

图 4-16　多功能吹风机设计草图

多功能吹风机线稿（吹风机状态）如图 4-17 所示。

产品设计点如下。

（1）采用模块化设计，当吹风机摆放到底座上时，可当作烘手器使用，能够提高产品使用率，并满足收纳需求。

（2）烘手器代替传统毛巾，干净卫生，可减少细菌滋生。

（3）当吹风机放置在底座上时会通过 PIN 口为吹风机充电。

（4）产品正面有 LED 指示灯，可通过颜色变化提示用户不同的使用状态。

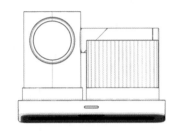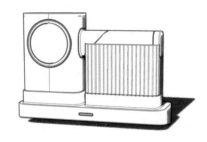

图 4-17　多功能吹风机线稿（吹风机状态）

（5）转变结构形式，摒弃传统吹风机与风道垂直排布的堆叠形式，采用侧放吹风机的方式，既可以保证风量，又可以将吹风机的体积进一步压缩。

（6）便携式轻量化设计，吹风机可单独折叠使用，折叠后的尺寸仅为 99 mm×38 mm×111 mm。内置电池，满足用户出行使用。

（7）改变烘手器出风口角度，角度符合人机工程学，便于用户使用。

4.5.7　产品效果图制作

模型的效果图制作，从最开始的建模，再到渲染和排版，中途反复推敲和修改，不断打磨，得到最终效果，分别如图 4-18～图 4-22 所示。

图 4-18　多功能吹风机模型

图 4-19　产品效果图

图 4-20　产品渲染图

图 4-21　产品爆炸图

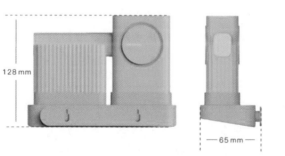

图 4-22　产品尺寸图

4.5.8 实体模型制作

在完成产品效果图后，需要进一步制作实物模型，因此需要更加周全地考虑产品的细节，包括色彩、材料及表面加工工艺，也就是 CMF。产品 CMF 流程图如图 4-23 所示。

图 4-23　产品 CMF 流程图

1. 色彩

色彩作为 CMF 的三大构成元素之一，相较于材料和表面加工工艺，是设计中影响用户情感和认知的核心元素，也是最容易记忆的元素。由于本产品用户人群为 25～35 岁的青年群体，因此选用橙色（潘通色号 1585U、1575U）。橙色代表着温暖、欢乐、辉煌、健康、阳光、年轻、华丽，是一种充满朝气的颜色。橙色并不像红色那样咄咄逼人，它并不会烘托出一种危险的氛围，反而是一种生动、美好的颜色，它犹如朝阳，不刺眼，却很醒目，表现青年时期的张扬。

2. 材料

吹风机外壳材料采用的是综合性能良好、生产成本低的通用 ABS 塑料。ABS 是由丙烯腈（AN）、丁二烯（Bd）、苯乙烯（St）单体接枝共聚而成的三元共聚物，具有三种组分的共同性能（即坚韧、质硬、刚性），属于热塑性塑料。

3. 表面加工工艺

在产品材料中，大多数材料都需要通过各种表面加工的手段来改变其表面的色泽、质地、纹理和细节，使产品拥有差异化、多样化的质感。表面加工工艺不仅能够对产品起到保护、装饰的作用，还能提升产品美观性、增加产品附加值。本产品表面的磨砂质感是通过喷砂工艺得到的。喷砂工艺通过对塑料表面的冲击和切削作用，使塑胶产生一定的清洁度和粗糙度，改善塑料的机械性能。喷砂提高了塑胶的舒缓性，增加了与涂层之间的附着力，能够有效延长塑胶涂膜的使用期限。同时也有利于表面涂料的流平和装饰，可以去除塑胶表面的杂色及氧化层。磨砂后的物体耐脏、耐用，磨砂后的物体不宜染上指纹和痕迹，磨砂后的物体对轻微的划痕不是很敏感。相反，对于平滑的、具有较高光泽的物体，轻微的划痕容易很明显地留在物体表面。表面磨砂处理过的产品手感十分舒适、顺滑，能给用户带来舒服的触感体验。

实体模型如图 4-24、图 4-25 所示。

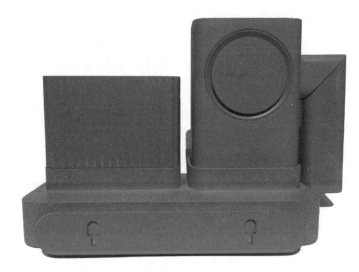

图 4-24 实体模型（一）

图 4-25 实体模型（二）

本节在功能价值详细分析的基础上阐述了设计实践过程，主要分为设计思路、模型制作、成果展示。在设计实践过程中不断尝试，在进行 3D 建模之前，首先对产品的数据进行了基本的了解。然后在网络上进行案头分析，了解市面上常见的吹风机尺寸、材质、结构、功能和价格，确定了多功能吹风机的各项数据。通过不断的设计，最终设计出更加符合用户需求的多功能吹风机。

4.6 本章小结

本课题对多功能设计原理、用户需求理论及多功能吹风机进行充分研究，以"如何增加普通吹风机功能与价值，提高用户体验感"作为研究要点。从当代青年的生活现状出发，深度了解他们的需求并分析设计切入点，设计一款符合青年人需求的多功能吹风机，给用户带来良好的使用感和交互体验。

从前期课题分析，中期课题调研，到最后的设计探索，在一步步的实践中完成了多功能吹风机的设计。在最初的课题分析中，首先对课题三大要素进行了详细分析，包括多功能设计原理、用户需求理论及多功能家电的分析；然后对用户群体进行了问卷调查和访谈，逐步挖掘出了用户潜在的真实需求，并明确了本课题的方向。

最后的设计实践阶段，对设计要素进行了全面分析，包括产品结构、材料、色彩、表面加工工艺等。在尝试建模的过程中，不断摸索设计的最佳方案。

本研究探讨了面向用户需求的多功能吹风机设计，致力发展"all in one"设计理念，并以家用吹风机为研究对象，为多功能产品的功能布局与系列化设计提供参考方向。

思考题

1. 在产品设计中，多功能设计的概念和原则是什么？
2. 从用户的需求出发，简述马斯洛的需求层次理论。
3. 请结合本章案例阐述吹风机的设计调研流程。
4. 从功能价值的视角出发，分析如何实现多功能吹风机价值最大化。

扫码做题

第5章　家用空调设计

国内经济体量的发展和稳定的电力系统输出是空调得以迅速发展的主要原因。城市化进程中的高层建筑与家用空调在设计和使用寿命上均具有不对称性，低可靠性家用空调产品无疑带来昂贵的维修和回收成本，甚至是对社会资源的浪费；降低家用空调运行故障率是提高用户体验感和减少家用空调高空维修作业风险的重要保证。因而提高空调系统的可靠性，及时发现、诊断并排除故障具有巨大的社会和经济效益。对于当代设计师而言，不仅应考虑产品叠加的功能、形式，还应与工程学科交叉研究以提高产品生命周期内的可靠性，以及运用和拓展设计学和心理学相关理论，分析用户心理可靠性。

本章运用模糊故障树理论对家用空调物理属性的可靠性进行分析，并运用设计学和心理学相关知识，分析用户心理可靠性。研究内容主要包括以下方面。

（1）现有家用空调可靠性痛点分析。① 通过对空调产品全生命周期进行跟踪调查，汇总现有空调的可靠性问题。② 针对用户心理可靠性这一内容进行引导性调查，即通过解释说明等方式获取并建立用户心理可靠性模型。

（2）模糊故障树分析法（FFTA）的研究。根据建立的空调系统 T-S 模糊故障树模型，计算出顶事件不同状态下的模糊失效可能性，分析顶事件不同状态下各部件的重要度，找出影响空调系统可靠性的关键部件，从而为设计研发提供决策。

（3）设计学与心理学相关理论和方法的运用。对用户（包括普通人群及特殊人群）心理可靠性分析，通过设计心理学中的本能、行为及反思层面对用户心理进行研究，对空调的外观、使用方式、情感化表达进行分析。在对凉山彝族地域文化解读的基础上，最终形成符合用户心理可靠性的产品设计方法。

（4）对空调产品方案进行设计。① 通过模糊故障树分析，找出影响空调可靠性的重要部件，对空调结构功能进行优化，并通过对比与实验分析验证该方法的可行性。② 在特定文化及用户心理可靠性分析的基础上，设计适合地域文化的空调产品，并对设计方案进行用户评价，验证用户心理可靠性研究的可行性。

5.1 引言

5.1.1 设计背景

21世纪以来，制造业面临着全球产业结构调整带来的机遇和挑战。尤其国际金融危机后，许多国家提出了针对本国制造业的智能制造国家战略，如美国的"先进制造业国家战略计划"、德国的"工业4.0计划"和日本的《制造业白皮书》等。制造业正重新成为国家竞争力的重要体现。面对各国的战略举措和全球制造业竞争格局的重大调整，中国出台了《中国制造2025》。除了宏观层面上的技术创新、模式创新和组织方式创新的先进制造系统外，微观层面上的高质量、高可靠性的产品无疑是智能制造的重要组成部分。中国制造2025这一背景下，工业设计师的角色将发生重要改变，不再仅仅关注产品的造型、色彩和图案，更应该关注产品的可靠性及用户的真实需求。

据了解，长虹电器早在2007年就成立了中国首个家电可靠性技术研究所，专注电视机可靠性研究。海尔、格力、美的等家电厂商都相继开展了各自产品的可靠性研究。国务院发展研究中心权威专家陆刃波认为，再好的售后服务只是出现问题后的一个补救，解决不了产品性能降低的难题。一线电器厂商对可靠性的重视，已经凸显可靠性研究在家电领域的地位。家用空调冬、夏两季的特殊使用环境要求其具有高可靠性。每年由于空调故障带来的高维修成本、火灾事件和高空维修事故屡屡发生，给人们的生命财产带来重大损失。当前家电产品设计与研发阶段科学、有效地实施可靠性研究成为提高产品可靠性设计水平、降低家电产品生产成本及增强家电产品市场竞争力的关键所在。

通过定期预防性维修理念来提高设备的可靠性，在耗损故障时间点之前对设备进行更换、维修的做法已经不适合智能化产品竞争的需求。传统家电可靠性研究多数是在设计完成后基于环境模拟真实性的可靠性试验研究，这种试验周期长、过程复杂、难度大且成本高。部分厂商在设计或选型阶段会参考历史故障数据和经验去对产品可靠性进行预估。样机故障问题暴露具有一定周期，且激烈的市场竞争机制要求在空调产品的设计阶段即考虑其可靠性。可靠性是指产品在规定的条件下和规定的时间内，完成规定功能的能力，其概率称为可靠度。开展可靠性研究可以降低产品失效率和产品寿命周期费用，同时可以提高产品可靠性保证、满足社会和用户的需要、增强产品核心竞争力、体现企业乃至国家科技水平。故障树分析（fault tree analysis，FTA）现已成为分析各种复杂系统可靠性的重要方法之一。故障树分析是假设底事件相互独立，以一个不希望的系统故障事件（或灾难性的系统危险）作为分析的目标，然后由上向下严格按层次的故障因果逻辑分析，逐层找出故障事件中必要而充分的直接原因，最终找出导致顶事件发生的所有原因和原因组合，并在具有基础数据时计算出顶事件发生的概率和底事件重要度等定量指标。传统故障树分析中零部件的故障概率需精确、已知，这就需要收集足够的故障数据。家用空调新零部件、新工艺、新功能的增加使传统故障树分析缺少精确的故障数据依据。

在中国制造 2025 这一背景下，产品竞争力不仅仅体现在技术、生产工艺等方面，也体现在用户高层次需求上，包括产品的民族性与文化性。产品的可靠性不再只是设计师（或者开发人员）角度的产品功能可靠性，还是用户心理可靠性。但通过分析，现有文献在文化性、用户心理需求方面对不同产品的研究取得了一定的进展，但涉及用户心理可靠性缺乏较为深层次的理论研究与实践，且用户心理应考虑背景文化、地域性、民族性等因数，而不仅仅是综合性研究。空调产品的可靠性既包括功能与使用上的可靠性，也包括用户心理的可靠性。在此基础上研究普通人群与特殊人群、大众用户与地域用户的心理可靠性需求。探讨老年人和残障人对现有空调的使用方式、外观色彩、文化性等需求，从主观感受出发对现有家用空调用户存在的痛点进行分析，并通过工业设计方法设计出新的方案，为相关领域的研究提供参考。

基于上述背景，本章在总结国内外有关文献的基础上，将模糊故障树分析法与设计心理学相结合，形成基于模糊故障树理论及用户心理的家用空调可靠性分析。

5.1.2　设计意义

据调查发现，用户在空调使用多年后会选择更换新空调，这样对社会资源造成很大程度上浪费。增强产品生命周期内的可靠性，不仅保证了用户使用产品的舒适性，同时最大限度地减少了资源浪费。对于工业设计师来说，不仅应该关注产品的功能、造型、色彩，更应该关注产品的可靠性，在无法改变空调产品未来的回收命运时，可以增加生命周期内的可靠性，减少维修资源、零部件消耗，达到绿色设计这一原则。维克多·帕帕奈克在《为真实世界的设计》中也提出设计师的社会责任，一是运用绿色设计原则，二是可以减少社会资源浪费和环境破坏。

故障是产品或产品的一部分不能或将不能完成预定功能的事件或状态，对某些产品（如电子元器件、弹药等）称为失效。虽然设计师在产品系统设计和使用阶段已经对可能引起灾难性后果的故障给予了足够的重视，但实际生活中还时不时发生一些令人痛心的灾难。家用空调的故障不仅会引起用户体验感降低和生活不便利，而且会增加企业维修成本和降低产品竞争力。

运用 T-S 模糊故障树分析理论对智能时代背景下的空调产品进行可靠性分析，从而指导设计完成。在产品设计研发前期阶段完成分析，指导设计改进，从而节约成本、提高市场竞争力、增加产品生命周期内的可靠性、减少由于低可靠性引起的资源浪费，并促进家电行业的可持续设计。

通过 T-S 模糊故障树分析不仅可以得出影响产品故障的基本原因（底事件），而且可以定量地计算出顶事件发生的概率。通过对部件重要度的计算可以得出当一个部件或者系统的割集失效时对顶事件发生概率的贡献，从而能够快速、经济、有效地进行产品可靠性改进。

5.1.3　国内外研究现状

1. 空调可靠性国内外研究状况

在空调产品研发过程中存在着大量的典型的可靠性问题，例如产品的包装、运输、设计、生产及服务问题。设计研发阶段的可靠性研究是整个产品生命周期中最重要的环节，激烈的市场竞争要求产品的可靠性设计需要在设计前完成。国内外专家和行业运用可靠性设计对空调产品进行了研究并产生了一些新的研究成果。

（1）空调可靠性国外研究现状。

Mo，Young Sea 等运用设计与可靠性评估分析家电产品电源模块。

Mu Seong Chang 等提出了一种系统空调机涡旋压缩机可靠性评价方法，并利用实验设计对影响磨损的应力因素（主要失效模式）进行了评价。利用各种试验条件下的零故障加速寿命试验数据，对涡旋压缩机的寿命进行了估计，结果满足涡旋压缩机的保修寿命要求。

T. Korth 等直接集成潜热贮存装置，以提高空气调节系统的容量。

Ahmed H. Abdel Salam 等提出热泵液体除湿空气调节系统的优化设计和运行，优化了用于在高湿度天气条件下运行的空气调节再生系统的膜式平行板液体除湿器的性能和结构。

Jacky Chin 等分析了制药业供暖通风空气调节的预防性维修模式。

（2）空调可靠性国内研究现状。

Zhan Jun Guo 等利用亚启发式优化和神经计算的集成对住宅建筑供暖、通风和空气调节系统性能进行优化调整。

戴源德等对以可靠性为中心的空调设备维修管理系统，提出基于 RCM 的空调设备维修管理系统的功能模块和系统流程。该管理系统可通过在空调设备维修现场检测得到的实时数据信息和数据库中已有相关数据对故障进行逻辑决断，辅助分析人员做出正确的维修决策，并优化维修策略。

陈俊杰等对空调系统零部件进行可靠性试验设计。

熊克勇等对空调内机 PG 电机调速控制用固态继电器工作进行可靠性分析与研究，通过对大量固态继电器失效故障品的分析与研究，从器件可靠性、PG 电机驱动电路系统设计、实际应用环境等方面进行分析，最终找到固态继电器失效的原因，并采取整改方案解决。

曾维虎等对空调贯流风叶运转的可靠性进行研究，研究非金属材料在不同温度、环境、抗老化和耐候方面的长期可靠性，改进选型方案。

卢浩贤等对制冷空调系统中压缩机缺氟可靠性试验进行研究，提出一种采用蒸发器温度及冷凝器温度判断缺氟保护控制方法，避免了压缩机超负荷运行。

王永志等提出了基于模糊故障树的动车组空调系统可靠性分析，得出了定位动车组空调故障部件方法的正确性，为提高空调系统可靠性和故障诊断提供有效依据。

揭丽琳等提出了基于使用可靠性的分区保修期制定方法，通过最优保修期求解模型分别求出了各省级区划单位的保修期，定量揭示了地理区域对空调使用可靠度和保修期的影响程度。

2. 模糊故障树分析法国内外研究现状

国内外的专家、学者分别对故障树和模糊故障树从不同角度展开了研究。1983 年，Tanaka 等人对模糊理论与故障树分析的结合方法展开了研究，他们考虑了故障系统中故障事件发生的不确定性，并将底事件精确的概率值以模糊概率替代，系统中每个底事件的模糊概率用梯形模糊数表达，并在模糊数的运算中采用近似计算方法，然后用模糊重要度（底事件对顶事件发生所做的贡献）替代传统重要度，从而确定底事件的关键性。Takagi 和 Sugeno 于 1985 年提出了一种新的模糊推理模型，称为 Takagi-Sugeno（T-S）模型。

（1）模糊故障树国外研究现状。

Ramasamy Subramaniam 等运用离散非线性模型的 T-S 模糊滑模控制器进行设计及应用。

Kuppusamy Subramanian 等提出了基于干扰观测器的具有永磁同步电机的 T-S 模糊系统的记忆积分滑模控制。

Indrani Kar 等提出了一种基于 T-S 模糊模型的非线性系统控制方法，利用网络逆的概念设计了该系统的控制器。该控制器使闭环系统在李雅普诺夫意义下保持稳定。

Ikuro Mizumoto 等通过 T-S 模糊模型对由输入/输出数据组成的性能函数进行优化，使增广闭环系统的输出跟踪给定 SPR 模型的输出。

Sana Perveen 等运用模糊故障树分析太阳能光伏系统，对其可靠性进行评估。

Shuen-Tai Ung 提出基于故障树分析和改进的模糊贝氏网络评价人为失误对油轮碰撞的影响。采用故障树分析结构评估油轮碰撞概率，在此结构下，开发了一种改进的基于模糊贝氏网络的认知可靠性误差分析方法，进行人因失误评估，邀请专家提供意见。

Ali Cem Kuzu 等运用模糊故障树分析法分析在航运业中船舶系泊作业风险。FFTA 能够处理常规故障树分析的局限性，而模糊逻辑理论可以处理这些不确定性。为此，建立了一个风险模型，并提出了一些风险控制方案。该模型除了处理海事风险评估中的数据短缺问题外，还为海事专业人员在减轻风险和预防事故方面做出了实际贡献。

（2）模糊故障树国内研究现状。

作为国内研究模糊故障树理论最早的学者，谷峰在《模糊故障树模型在潜标系统回收率评定中的应用》一文中，为弥补故障树分析法（FTA）的缺点，提出模糊故障树分析法（FFTA），编制了相应的评定程序 FFTAP，并将此种方法应用于工程实例中，获得了合理的评定结果，从而为决策者提供了有价值的信息来提高系统的可靠性。

近些年来，众多的学者对 T-S 模糊故障树方法进行了深入的研究与分析，并将其与工程实例相结合，解决工程中的一些难题。

陈舞等将 T-S 模糊故障树用于钻爆法施工隧道坍塌可能性评价，将模糊数和 T-S 模糊门引入故障树分析中，用 T-S 模糊门代替传统逻辑门描述事件之间的联系，体现出系统故障机制和事件联系的模糊性，同时降低了故障树的建立难度。

陈乐等将 T-S 模糊故障树分析法用于刀架系统可靠性分析。基于刀架系统结构组成及专家调查构建 T-S 模糊故障树模型，构造各部件模糊失效子集；然后基于 T-S 门逻辑和各部件各模糊失效子集计算顶事件不同状态下的模糊失效可能性，分析顶事件不同状态下各部件的模糊重要度，找出影响整机可靠性的关键部件。

王凯等将 T-S 模糊故障树应用到多态矿井提升制动系统分析中，使故障树具有处理模糊信息的能力。

钟国强等运用 T-S 模糊故障树对地连墙＋支撑支护基坑坍塌进行可能性评价，实现了用底事件实际故障状态和底事件模糊概率两种不同的方式计算基坑坍塌可能性，并根据底事件重要度分析结果指导风险控制工作。

李锋等运用 T-S 模糊故障树模型对汽车起重机支腿液压回路进行可靠性分析，通过对工作原理及故障机理的分析，建立了 T-S 模糊故障树模型，定量计算了中度故障和严重故障时的系统故障率。

刘健等运用 T-S 模糊故障树对油管挂安装作业风险进行分析，提出一种将模糊理论和 T-S 模型引入故障树中的分析方法，即用模糊可能性描述部件的失效概率，用 T-S 模糊门描述各事件间的联系，用模糊数描述部件的故障程度。

梁芬等运用 T-S 模糊故障树对焊接机进行可靠性分析，以焊接机焊枪姿态和悬浮高度设置为例，建立了 T-S 模型模糊故障树，并进行了可靠性分析。

熊志宏等运用 T-S 模型对液压缸故障进行分析研究，提出了基于 T-S 模型的液压油缸模糊故障树分析方法，对已建立的液压油缸 T-S 模糊故障树进行分析。

3. 用户心理研究国内外研究现状

用户心理研究主要体现在心理学研究、设计心理学研究方面，最著名的工业设计领域心理学研究应属于唐纳德·A. 诺曼的《设计心理学》丛书，其中《设计心理学 3：情感化设计》中将设计分为三个不同层次：本能层次、行为层次和反思层次。三个层次的应用如表 5-1 所示。

表 5-1　三个层次的应用

层次	表现特征
本能层次	外观
行为层次	使用的愉悦和效用
反思层次	自我形象、个人的满足、记忆

人类的感情、情绪和认知系统相互作用、互为补充。认知体系负责阐释世界，增进和理解知识。情感包含情绪，是辨别好与坏、安全与危险的判断体系，它是人类更好生存的价值判断。只有反思层次才存在意识和更高级的感觉、情绪及知觉，也只有这个层次才能体验思想和情感的完全交融。通过解读与反思，空调产品的设计不应只停留在本能及行为层次，更应该追求体现用户心理可靠性的反思层次。

杜娟提出研究心理学在产品设计中的应用，在产品设计中应考虑消费者心理，并运用心理学中的模型 S—O—R 得出消费者通过感官刺激，经大脑分析，最后做出决策这一过程。

郭慧应用设计心理学研究老年产品设计，分析老年人的心理特征，从不同方面阐述设计心理学在老年产品设计中的应用策略，希望能满足老年人的特殊性需求和自我实现需求，关注老年人这一特殊群体的产品设计。

唐嘉薇、王润森将情感化设计中的反思层次应用到产品设计中，运用自我形象表述、叙事性解读、象征和符号的运用进行产品设计，并通过实例分析对文章观点进行进一步阐述。

通过上述研究分析，"可靠性"不仅仅是工科的概念，也是心理学的范畴。用户对产品是否可靠、是否易用、是否传达出文化内涵这一心理上的可靠性感受，与工程上的可靠性相结合，共同为产品设计提供决策，真正做到为人的设计。

5.1.4 设计内容

本章在总结国内外有关文献的基础上，将模糊故障树分析法与设计心理学方法相结合，得出基于模糊故障树和用户心理的家用空调可靠性分析方法。

首先以某一型号家用空调为例，对其制冷/制热系统和电气控制系统进行模糊故障树分析，包括蒸发器、冷凝器、压缩机、毛细管（膨胀阀）、内外风机、换向阀、控制单元、阀门、传感器等部件的故障诊断，具体研究内容如下。

（1）家用空调系统主要故障原因分析。首先，通过大量的文献阅读、现场调查、对空调公司售后和维修部近几年的数据不完全统计和分析，归纳、整理出导致家用空调发生故障的主要故障事件。然后，对事件进行进一步原因追踪，通过对设计研发环节、生产环节、运输环节、安装环节、用户使用环节、售后服务环节进行追踪调查，汇总空调系统运行故障的原因。

（2）基于 T-S 模糊故障树的家用空调可靠性分析的应用。针对家用空调运行故障的原因识别，以故障原因的角度构建空调故障这一顶事件的模型思路。运用 T-S 模糊理论、结合故障树分析法，建立家用空调运行故障的 T-S 模型。在获取空调厂家近几年的维修数据及专家经验的基础上，运用专家综合评判的故障树底事件失效率计算方法，整理、汇总出各底事件的故障概率和梯形模糊可能性，最后进行 T-S 模糊可能性和 T-S 模糊重要度分析。

其次，运用设计心理学相关理论和方法对空调用户（包括普通人群和特殊人群）的心理进行分析。通过设计心理学中的本能层次、行为层次和反思层次对用户行为进行研究，对空调的外观、使用方式、情感化表达进行分析，并在对四川凉山彝族的地域文化进行解读的基础上，最终形成符合地域用户心理可靠性的产品设计。

（1）通过对现有家用空调内机结构样式的调查分析，总结出现有空调产品外观、结构设计存在的问题，并对这些问题进行初步汇总。然后，对用户真正的需求进行分析，指出用户需求与现有产品之间存在的差异性，并对特殊群体进行用户访谈，了解特殊群体的痛点。最后，对心理可靠性这一概念进行用户提示与引导。

（2）由于不同文化背景、不同地域的用户心理具有差异性，本章选取四川凉山彝族这一特定用户群体进行分析，对彝族的三色文化及图案进行解读，并对彝族家庭装修风格进行简单调查，对彝族空调产品进行设计构思。

再次，对空调产品方案进行设计。

（1）通过基于模糊故障树得到的影响空调可靠性的重要部件，从设计选型、生产制造等环节进行优化，并初步尝试运用诸如 3D 打印等智能制造方法对部分现有结构工艺进行改良，如对经常漏焊或焊接有问题的铜管部分运用 3D 打印减少焊接点，既简化制造流程又提高其可靠性。

（2）在基于彝族用户心理及文化因素分析的基础上，设计、开发出适合地域文化的产品，提高用户心理可靠性。例如，兼顾特殊人群的空调控制方式设计，产品传达文化设计，适合彝族文化的产品设计。对设计方案进行用户评价，选取部分人群对新方案进行评分，并根据建议进行产品优化。

最后，对设计方案进行评价与验证。

（1）通过对现有产品故障的实验解析，验证模糊故障树分析法的可行性。

（2）通过对产品进行用户心理可靠性评分，验证用户心理可靠性分析的可行性，以对空调产品进行不断改进。

5.1.5　研究的方法

（1）文献调研法。

将文献调研法作为本课题展开研究的基本方法，阅读国内外大量有关空调系统故障、维修和诊断的可靠性文献（故障树、模糊理论和 T-S 模糊故障树理论文献，国内外 T-S 模糊故障树应用类相关文献，心理学、设计心理学及用户行为等用户心理的相关文献），从基础深化理论研究，提高课题研究的科学性。

（2）问卷调查法及用户访谈法。

在定性分析的基础上，对家用空调系统发生故障的原因进行调查。从新产品的设计研发、生产环节、运输环节、安装环节、使用环节及维修环节的全生命周期展开问卷调查。对用户进行访谈，了解用户心理，认识什么样的产品设计具有心理可靠性和空调产品实现用户心理可靠性的必要性。

（3）理论与实践结合的方法。

在模糊故障树理论与设计心理学理论研究的基础上，结合案例实证分析，对某型号家用空调系统建立模糊故障树，对其进行定性和定量分析。在彝族地区特定的文化背景下，运用工业设计手段设计出符合用户心理可靠性的产品。

（4）比较研究法。

在家用空调系统运行故障分析结束后，对产品进行优化设计。通过专家评分法对优化方案和原有方案进行比较研究。通过用户对新方案外观、功能、情感化等层次与传统方案的对比，体现理论分析的可行性。

（5）评价法。

将专家评分的方法与原有方案进行可靠性比较，验证模糊故障树分析法对产品本身可靠性分析的可行性。对方案本身的结构、工艺及制造理念进行可靠性评分；用户对产品本能层次、行为层次和反思层次进行产品用户评分；将用户对产品的可靠性意见进行汇总分析，以对产品进行不断优化。

5.2 基于模糊故障树的家用空调可靠性分析

5.2.1 家用空调故障因数分析

家用空调故障因素辨识是指将空调运行过程中各类潜在的故障事件系统、全面地识别出来，通过对事故发生原因、事故类别进行调查、筛选和分析，最终列出家用空调质量源清单，关注该故障事件形成过程。目的是确定影响家用空调运行的主要因素，并将这些潜在的故障因素进行整理、归纳和分类。因此，故障因素辨识是对其进行可靠性评价的前提，只有先将这些因素识别出来，才能通过专家评价确定故障发生的概率，找出影响家用空调的关键性风险因素，进而才能提出相应的设计管理策略。

通过文献查阅、互联网搜索等方式查询家用空调投诉数量和质量数据，由于2014年之前的数据统计方式有区别，所以本课题分析 2014—2019 年家用空调投诉数量和质量数据。尽管分析得不够全面，但这些大量的数据为故障树构建与分析提供有效的依据。

（1）按照年份对家用空调故障进行统计分析，如表 5-2 所示。

表 5-2　2014—2019 年空调消费者投诉统计（件）

年份	2014	2015	2016	2017	2018	2019
投诉数	7753	4240	7521	9481	9350	8543
质量问题	2845	1614	3092	2718	2894	2489
安全问题	54	6	106	116	166	368

（2）按照故障类型对家用空调故障进行统计分析。

对于故障树模型构建来说，仅仅获得空调质量投诉数量是不够的，还需要了解家用空调质量投诉中有哪些故障因数，从而为后期有效分析提供依据。通过互联网获取空调消费投诉数据，针对家用空调的质量问题提出建议和对策。由于数据统计有限，我们得到 2019 年 6 月 1 日至 8 月 31 日家用空调消费者有效投诉 1089 例（见图 5-1），其中质量问题占比约 27%（290 起），暂不考虑售后服务中包含的质量问题。近几年的数据可以通过类比法得到大致数据。

其中，质量问题包括制冷/制热效果差、噪音大、漏水、异味、新机故障、各种故障频繁、异响、内机问题、货不对板、安全问题、外机问题、残次品、库存机、二手机、质量缺陷等，如表 5-3 所示。

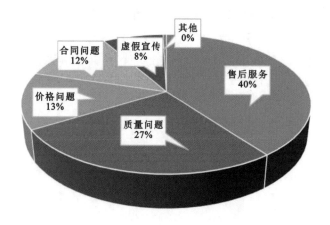

图 5-1　2019 年第二季度家用空调消费者安全投诉趋势图

表 5-3　2019 年第二季度空调质量各类故障数量

故障问题	数量/件	比例/（%）	故障问题	数量/件	比例/（%）
制冷/制热效果差	134	12.30	安全问题	6	0.55
噪音大	33	3.03	外机问题	5	0.46
漏水	28	2.57	残次品	5	0.46
异味	26	2.39	库存机	4	0.37
新机故障	10	0.92	二手机	4	0.37
各种故障频繁	10	0.92	质量缺陷	1	0.09
异响	9	0.83	伪劣产品	1	0.09
内机问题	7	0.64	三无产品	1	0.09
货不对板	6	0.55			

5.2.2　故障树与模糊故障树分析

1. 故障树分析

故障树分析是由上往下的演绎式失效分析，利用布林逻辑组合低阶事件，分析系统中不希望出现的状态。故障树分析主要用在安全工程和可靠度工程领域，用来了解系统失效的原因，并且找到最好的方式降低风险，或是确认某一安全事故或是特定系统失效的发生率。1961 年，美国贝尔实验室在民兵导弹的发射控制系统可靠性研究中首先应用故障树分析技术，并获得成功；之后将故障树分析应用到民用飞机领域。近二十年来，故障树分析在我国得到迅速发展，并在核工业、航空、航天、机械、电子、兵器、船舶、化工等领域广泛采用故障树分析技术。

故障树模型是一个基于研究对象结构、功能特征的行为模型，是一种定性的因果模型，以系统最不希望的事件为顶事件，以可能导致顶事件发生的其他事件为中间事件和底事件，并用逻辑门表示事件之间联系的一种倒树状结构，如图 5-2 所示。

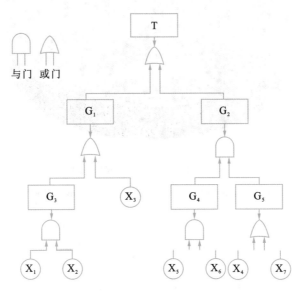

图 5-2　故障树模型

故障树是一种逻辑图，是按照一定的逻辑方式把一些特殊符号连接起来的树形图。在故障树中出现的符号大体上可以分为三类：① 逻辑门符号，简称逻辑符号，在逻辑符号中，最常用的是"与门"符号和"或门"符号，其他的还有"异或门"符号及制约逻辑门符号；② 故障事件符号，简称事件符号，在故障树中，事件有上端事件、中间事件和基本事件之分；③ 其他符号，如子树符号和转移符号。

（1）逻辑与门。

逻辑与门表示事件之间的因果关系：设 $B_i(i=1，2，\cdots，m)$ 为输入事件，A 为输出事件，仅当所有事件 B_i 都发生时，事件 A 才发生，如图 5-6 所示。

（2）逻辑或门。

逻辑或门表示事件之间的因果关系：设 $B_i(i=1，2，\cdots，m)$ 为输入事件，A 为输出事件，当所有事件 B_i 至少有一个发生时，事件 A 就发生，如图 5-3 所示。

与门		与门表示仅当所有输入事件都发生时，输出事件才发生
或门		或门表示当至少有一个输入事件发生时，输出事件就发生

图 5-3　故障树与门、或门

（3）定性分析。

故障树的定性分析是对故障树进行最小割集求解。对最小割集求解，首先要求出故障树的所有割集，割集即为故障树底事件的集合，当割集中的所有底事件同时发生时，顶事件必定会发生，最小割集是当随便去掉割集中任意一个事件时，顶部故障事件不再发生的割集即为最小割集。一个最小割集中的所有事件即可以等价为顶部故障事件。

富塞尔-维斯利（Fussell-Vesely）提供了一种寻找网联故障树的最小割集族的有效方法。基本思想简述如下：首先画出标准故障树，然后从顶事件开始按下述规则逐级往下进行。若事件下面是与门，则把与门下面紧接着的所有输入都排在一行中；若事件下面是或门，则把或门下面紧接着的每个输入各自排成一行，直到都是底事件为止。一直这样做下去，最后一步得到的就是使顶事件发生的所有底事件的组合，再删去那些不是最小割集的组合就得到最小割集族。

（4）顶事件发生概率计算法。

设底事件 x_i 对应的失效概率为 $q_i (i = 1, 2, \cdots, n)$，$n$ 为底事件个数，则最小割集的失效概率为

$$P(\mathrm{MCS}) = P(x_1 \cap x_2 \cap \cdots \cap x_m) = \prod_{i=1}^{m} q_i$$

式中：m 为最小割集阶数。

顶事件发生概率为

$$P(\mathrm{TOP}) = P(y_1 \cup y_2 \cup \cdots \cup y_k)$$

式中：y_i 为最小割集阶数，k 为最小割集个数。

（5）概率重要度。

第 i 个部件不可靠度变化引起系统不可靠度变化的程度，用公式表示为

$$\Delta g_i(t) = \frac{\partial g[\vec{F}(t)]}{\partial F_i(t)} = \frac{\partial F_s(t)}{\partial F_i(t)}$$

式中：$\Delta g_i(t)$ 为概率重要度；$F_i(t)$ 为元部件不可靠度；$g[\vec{F}(t)]$ 为顶事件发生概率；$F_s(t)$ 为系统不可靠度。

（6）结构重要度。

元部件在系统中所处位置的重要度与元部件本身故障概率毫无关系，用公式表示为

$$I_i^{\Phi} = \frac{1}{2^{n-1}} n_i^{\Phi}$$

$$n_i^{\Phi} = \sum_{i=1}^{2^{n-1}} [\Phi(I_i, \vec{x}) - \Phi(O_i, \vec{x})]$$

式中：I_i^{Φ} 为第 i 个元部件的结构重要度；n 为系统所含元部件的数量。

由于涉及故障树分析的文献资料较多，本研究重点关注 T-S 模糊故障树分析，对传统故障树定性与定量分析仅提及，不进行详细展开。

2. 模糊故障树分析

T-S 模型的模糊规则的 "IF" 部分与 Zadeh 规则的 "IF" 部分相似，但它的 "THEN" 部分是精确函数，通常是输入变量多项式。T-S 模型模糊推理的结论部分用线性局域方程取代一般推理过程中的常数。

传统故障树分析存在以下不足：① 零部件的故障概率（事件）假设为精确、已知的。这就需要收集足够的故障数据，但对许多系统来说获取故障数据非常困难，并且当系统工作环境改变时，过去的数据也不再适用，同时随着技术不断更新，新的零部件经常应用到系统中，它们基本上没有故障数据。② 事件间的联系（门）假设为精确、已知的，在传统的故障树分析中，常用与门、或门来描述事件间的联系，但在实际工程中，许多情况下并不清楚系统的故障机理，事件间的联系往往具有不确定性。故障概率和事件间的联系精确、已知的要求，使故障树的建树变得极为困难。这些不足限制了故障树在实际工程中的应用，模糊技术具有处理模糊和不精确信息的优点。

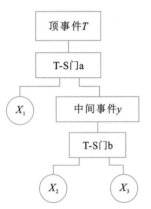

图 5-4　T-S 模糊门故障树模型

（1）T-S 模糊故障树基本理论。

考虑故障概率及事件间联系的不确定性，用模糊数描述故障概率及故障程度。由于传统故障树是以与门、或门为基础的二态性，而实际故障机理之间的联系是多态的、复杂的。文献中用 T-S 门代替传统逻辑与或门，构造一种新的 T-S 模糊故障树，但对重要度并未给出具体的计算方法。文献将传统故障树的重要度推广到 T-S 模糊故障树中，并给出了相应的计算公式。X_1、X_2、X_3 为基本事件，门 a、门 b 为 T-S 模糊门。下一级的故障数据通过 T-S 门规则计算后可得到上一级事件的故障数据。图 5-4 为构建的 T-S 模糊门故障树模型。

（2）模糊数及事件描述。

由于历史数据的缺乏及系统环境的变化，零部件的故障概率具有不确定性。当事件的故障概率无法获得精确数值，只能用一个区间进行表征时，我们用模糊数描述该事件的发生。T-S 模糊故障树中，通常将故障程度用 [0，1] 区间内的模糊数表示，如无故障、中等故障、严重故障可分别采用模糊数 0、0.5、1 描述，如表 5-4 所示。

表 5-4　模糊数与事件描述

故障程度	模糊数
无故障	0
中等故障	0.5
严重故障	1

因梯形模糊数为线性隶属函数且非常直观，文中采用梯形隶属函数表示模糊数的隶属函数，如图 5-5 所示。M_0 表示模糊数支撑集的中心，s_1、s_r 表示左右支撑半径，f_1、f_r 表示左右模糊区，由梯形隶属函数 $\mu(F)$ 描述的模糊数为 M_0。

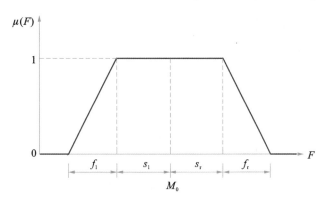

图 5-5　模糊数的隶属函数

由图 5-5 可知，$\mu(F)$ 隶属度函数表达式为

$$\mu(F) = \begin{cases} 0, & 0 \leqslant F \leqslant M_0 - s_1 - f_1 \\ \dfrac{F - (M_0 - s_1 - f_1)}{f_1}, & M_0 - s_1 - f_1 < F \leqslant M_0 - s_1 \\ 1, & M_0 - s_1 < F \leqslant M_0 + s_r \\ \dfrac{(M_0 + s_r + f_r) - F}{f_r}, & M_0 + s_r < F \leqslant M_0 + s_r + f_r \\ 0, & M_0 + s_r + f_r < F \leqslant 0 \end{cases} \tag{5-1}$$

（3）模型与算法。

T-S 模型是一种模糊推理模型，能用较少的 IF-THEN 模糊规则组成较复杂的非线性函数，可用来描述事件间的联系，从而构成 T-S 模糊门。假设底事件 $a = (a_1, a_2, \cdots, a_n)$，上级事件 b 的故障程度分别为 $(a_1^1, a_1^2, \cdots, a_1^{k_1})$，$\cdots$，$(a_n^1, a_n^2, \cdots, a_n^{k_n})$ 和 $(b^1, b^2, \cdots, b^{k_n})$，则有

$$\begin{cases} 0 \leqslant a_1^1 < a_1^2 < \cdots < a_1^{k_1} \leqslant 1 \\ 0 \leqslant a_2^1 < a_2^2 < \cdots < a_2^{k_2} \leqslant 1 \\ \quad\quad\quad\quad \vdots \\ 0 \leqslant a_n^1 < a_n^2 < \cdots < a_n^{k_n} \leqslant 1 \\ 0 \leqslant b^1 < b^2 < \cdots < b^{k_n} \leqslant 1 \end{cases} \tag{5-2}$$

已知规则 l（$l=1, 2, \cdots, n$），若 a_1 的故障程度为 $a_1^{i_1}$，$a_2 = a_2^{i_2}$，$\cdots$，$a_n = a_n^{i_n}$，则上级事件 b 的故障程度为 b^1 的可能性为 $P^l(b^1)$，为 b^2 的可能性为 $P^l(b^2)$，$\cdots$，为 b^{k_n} 的可能性为 $P^l(b^{k_n})$，其中 $i_1=1, 2, \cdots, k_1$，$\cdots$，$i_n=1, 2, \cdots, k_n$，所以规则 l 的总数 $m = k_1 k_2 \cdots k_n$。

假设底事件各种故障程度的模糊可能性为 $P(a_1^{i_1})$（$i_1=1, 2, \cdots, k_1$），$P(a_2^{i_2})$（$i_2=1, 2, \cdots, k_2$），$\cdots$，$P(a_n^{i_n})$（$i_n=1, 2, \cdots, k_n$），则规则 l 的模糊可能性为

$$P_0^l = P(a_1^{i_1}) P(a_2^{i_2}) \cdots P(a_n^{i_n}) \tag{5-3}$$

并可得出上级事件故障的模糊可能性为

$$\begin{cases} P(b^1) = \sum_{l=1}^{m} P_0^l P^l(b^1) \\ P(b^2) = \sum_{l=1}^{m} P_0^l P^l(b^2) \\ \quad\quad\quad \vdots \\ P(b^n) = \sum_{l=1}^{m} P_0^l P^l(b^{k_n}) \end{cases} \tag{5-4}$$

已知底事件 $a = (a_1, a_2, \cdots, a_n)$ 的故障程度 $a' = (a_1', a_2', \cdots, a_n')$，则可根据构建的 T-S 模型，得出上级事件不同程度的模糊可能性为

$$\begin{cases} P(b^1) = \sum_{l=1}^{m} \beta_l^*(a') P^l(b^1) \\ P(b^2) = \sum_{l=1}^{m} \beta_l^*(a') P^l(b^2) \\ \quad\quad\quad \vdots \\ P(b^n) = \sum_{l=1}^{m} \beta_l^*(a') P^l(b^{k_n}) \end{cases} \tag{5-5}$$

式中：$\beta_l^*(a') = \dfrac{\prod_{j=1}^{n} \mu_{a_j}^{i_j}(a_j')}{\sum^{m} \prod_{j=1}^{n} \mu_{a_j}^{i_j}(a_j')}$，$\mu_{a_j}^{i_j}(a_j')$ 表示第 l 条规则中第 j 个事件 a_j 的故障程度为 a_j' 对应模糊集的隶属度。

　　根据 T-S 模糊门规则，结合已知的下级事件的模糊可能性，由式（5-3）可计算出上级事件 b 的各种模糊可能性。由下级事件当前的故障程度，根据 T-S 模糊门可计算出上级事件 b 的各种故障程度的模糊可能性。

　　（4）T-S 模糊故障树重要度。

　　T-S 模糊故障树重要度是描述一个部件或者系统的最小割集发生故障对顶事件发生概率的贡献。

　　T-S 模糊故障树重要度分析步骤：① 选择顶事件，建立 T-S 模糊故障树；② 将部件和系统各种故障程度分别用模糊数描述，并给出部件处于各种故障程度的模糊可能性；③ 结合专家经验和历史数据构造 T-S 门规则表，根据 T-S 门规则计算部件的 T-S 结构重要度；④ 利用 T-S 模糊故障树分析算法，计算出中间事件和顶事件出现各种故障程度的模糊可能性；⑤ 定义部件故障程度的 T-S 概率重要度，进而由顶事件的模糊可能性求得部件故障程度的 T-S 关键重要度；⑥ 综合各种故障程度，得到部件的 T-S 概率重要度及 T-S 关键重要度；⑦ 对 T-S 重要度进行综合分析，获得部件的重要度序列。

　　（5）T-S 概率重要度。

　　底事件 X_j 故障程度为 $X_j^{i_j}$ 的模糊可能性 $P(X_j^{i_j})$（$i_j=1，2，\cdots，k_i$）对系统顶事件 T 为 T_q 的 T-S 概率重要度 $I_{T_q}^{p_r}(X_j^{i_j})$，即

$$I_{T_q}^{p_r}(X_j^{i_j})=P(T_q，P(X_j^{i_j})=1)-P(T_q，P(X_j^{i_j})=0) \tag{5-6}$$

式中：$P(T_q，P(X_j^{i_j})=1)$ 表示由底事件 X_j 故障程度为 $X_j^{i_j}$ 的模糊可能性 $P(X_j^{i_j})=1$ 时引起顶事件 T 为 T_q 的模糊可能性。$P(T_q，P(X_j^{i_j})=0)$ 由底事件 X_j 故障程度为 $X_j^{i_j}$ 的模糊可能性 $P(X_j^{i_j})=0$ 时引起顶事件 T 为 T_q 的模糊可能性。对底事件各个非零故障程度的 T-S 概率重要度进行综合考虑，可得到底事件 X_j 对顶事件 T 为 T_q 的 T-S 概率重要度 $I_{T_q}^{p_r}(X_j)$，即

$$I_{T_q}^{p_r}(X_j)=\frac{\sum_{i_j=1}^{k_j} I_{T_q}^{p_r}(X_j^{i_j})}{k_j} \tag{5-7}$$

式中：k_j 表示第 j 个底事件中非 0 故障程度的个数。

　　（6）T-S 关键重要度。

　　底事件 X_j 故障程度为 $X_j^{i_j}$ 的模糊可能性 $P(X_j^{i_j})$（$i_j=1，2，\cdots，k_j$）对系统顶事件 T 为 T_q 的 T-S 关键重要度 $I_{T_q}^{c_r}(X_j^{i_j})$，即

$$I_{T_q}^{c_r}(X_j^{i_j})=\frac{P(X_j^{i_j})I_{T_q}^{p_r}(X_j^{i_j})}{P(T=T_q)} \tag{5-8}$$

　　底事件 X_j 对顶事件 T 为 T_q 的 T-S 关键重要度 $I_{T_q}^{c_r}(X_j)$ 为

$$I_{T_q}^{c_r}(X_j) = \frac{\sum\limits_{i_j=1}^{k_j} I_{T_q}^{c_r}(X_j^{i_j})}{k_j} \tag{5-9}$$

5.2.3 基于模糊故障树的家用空调可靠性分析

1. 家用空调系统

（1）空调的定义。

空调是空气调节的简称，它利用设备和技术对室内空气（或人工混合气体）的温度、湿度、清洁度及气流速度进行调节，以满足人们对环境舒适的要求或生产对环境工艺的要求。

家用热泵型空调系统通过制冷、制热、通风等方式提高用户舒适度，家用热泵空调主要有蒸发器、冷凝器、压缩机、毛细管（膨胀阀）、内外风机、换向阀、控制单元、阀门、传感器等部件组成。

（2）空调器的结构。

空调器一般由四部分组成。① 制冷系统：空调器制冷降温部分，由制冷压缩机、冷凝器、毛细管、蒸发器、电磁换向阀、过滤器和制冷剂等组成一个密封的制冷循环。② 风路系统：空调器内促使房间空气加快热交换部分，由离心风机、轴流风机等设备组成。③ 电气系统：空调器内促使压缩机、风机安全运行和温度控制部分，由电动机、温控器、继电器、电容器和加热器等组成。④ 箱体与面板：空调器的框架、各组成部件的支承座和气流的导向部分，由箱体、面板和百叶栅等组成。

2. 制冷/制热系统

① 空调制冷系统。液体制冷剂（氟利昂）在蒸发器中吸收被冷却的物体热量之后，汽化成低温、低压的蒸气被压缩机吸入后压缩成高压、高温的蒸气后排入冷凝器，在冷凝器中向冷却介质（水或空气）放热，冷凝中的高压液体经节流装置流向低压、低温的制冷剂，再次进入蒸发器吸热汽化，达到循环制冷的目的。空调制冷系统原理图如图 5-6 所示。

② 空调制热系统。空调制热时，气体氟利昂被压缩机加压成高温、高压气体进入室内机的换热器（此时为冷凝器），冷凝液化放热成为液体，同时将室内加热，从而达到提高室内温度的目的。液体氟利昂经节流装置减压进入室外机的换热器（此时为蒸发器），蒸发、汽化吸热，成为气体，同时吸取室外空气的热量（室外空气变得更冷）。变为气体的氟利昂再次进入压缩机开始下一个循环。

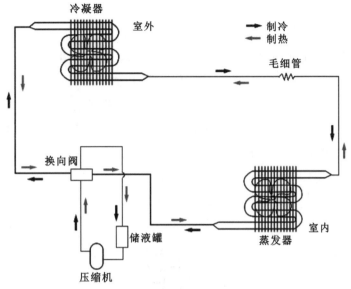

图 5-6　空调制冷系统原理图

3. 电气控制系统

空调的电气控制系统主要由电源、信号输入、微电脑控制器、输出控制及 LED 显示等部分组成，包括温控器、启动器、选择开关、各类过载保护器、中间继电器等多种元器件，通过微电脑控制器调节温度、风速、制冷、制热等，从而达到居住空间舒适性的要求。空调电气控制系统原理图如图 5-7 所示。

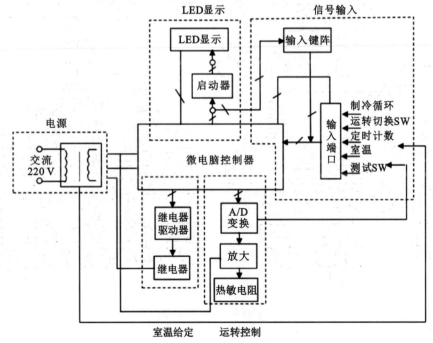

图 5-7　空调电气控制系统原理图

4. 家用空调系统模糊故障树构建

在收集相关文献资料的基础上，通过参考相关文献建立了家用壁挂式空调的 T-S 模型（见图 5-8、表 5-5）。图 5-8 中家用空调故障 T 为顶事件，X_1，X_2，$\cdots$，X_{52} 为 52 个底事件，其余为中间事件，由上而下按照 A、B、C、D、E 顺序进行编号。根据图 5-8 所示 T-S 模糊故障树，假设所有基本事件 $X_1 \sim X_{52}$ 和中间事件 A、B、C、D、E 的故障程度均为（0，0.5，1），根据历史数据和专家经验可得到各个 T-S 门规则，如 T-S 门 16、T-S 门 38 规则表（见表 5-6、表 5-7）。如果表 5-6 第一行 X_{41} 和 X_{42} 为 0，则中间事件 C_9 为 0 的可能性为 1。

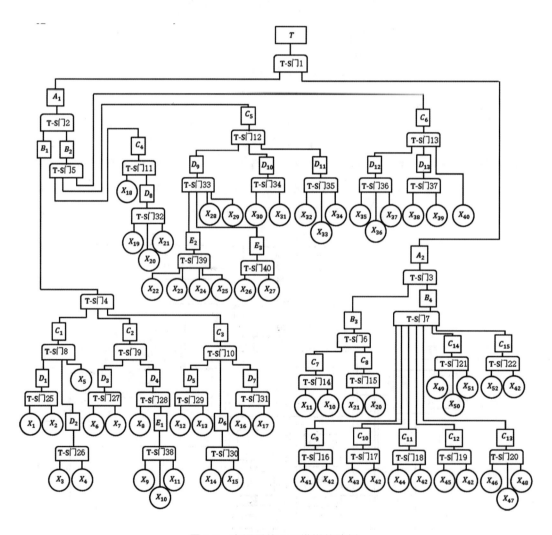

图 5-8　空调系统 T-S 模糊故障树

表 5-5　空调系统故障树事件列表

代码	故障名称	代码	故障名称	代码	故障名称	代码	故障名称
T	家用空调故障	D_2	膨胀阀冰堵	X_9	马达电源线故障	X_{32}	管道机壳相碰
A_1	制冷系统失效	D_3	风扇异常	X_{10}	蒸发主板故障	X_{33}	固定螺栓松动
A_2	供电及控制系统故障	D_4	风扇不转	X_{11}	蒸发器电源线故障	X_{34}	减振块脱落
B_1	膨胀蒸发组件故障	D_5	蒸发器管路堵塞	X_{12}	管路异物	X_{35}	密封件老化
B_2	压缩机冷凝器故障	D_6	制冷剂泄漏	X_{13}	焊接焊渣	X_{36}	盘管裂纹砂眼
B_3	供电故障	D_7	空气过滤器故障	X_{14}	焊接点漏	X_{37}	焊接漏问题故障
B_4	控制功能故障	D_8	冷凝风机无电流	X_{15}	来料不合格	X_{38}	焊滴焊渣
C_1	膨胀阀故障	D_9	压缩机不工作	X_{16}	环境灰尘多	X_{39}	系统异物
C_2	蒸发风机故障	D_{10}	高低压不满足制冷要求	X_{17}	过滤网清洁不及时	X_{40}	翅片灰尘油质
C_3	蒸发器故障	D_{11}	压缩机振动异响	X_{18}	风机电机损坏	X_{41}	温度传感器故障
C_4	冷凝风机故障	D_{12}	冷凝器漏	X_{19}	马达电源线故障	X_{42}	微电脑单元故障
C_5	压缩机及组件故障	D_{13}	冷凝器堵	X_{20}	冷凝器电源线故障	X_{43}	电流互感器故障
C_6	冷凝器故障	E_1	风机马达无电流	X_{21}	冷凝器主板坏	X_{44}	管温传感器故障
C_7	室内机无电	E_2	压缩机电机故障	X_{22}	绕组短路	X_{45}	除霜传感器故障
C_8	室外机无电	E_3	压缩机抱轴卡缸	X_{23}	接触器故障	X_{46}	晶振坏
C_9	恒温自动控制	X_1	阀门管路异物	X_{24}	绕组断路	X_{47}	红外接收头坏
C_{10}	压缩机过电流保护	X_2	阀门焊接焊渣	X_{25}	绕组碰机壳	X_{48}	遥控器主板坏
C_{11}	风扇调速自动控制故障	X_3	抽真空未彻底	X_{26}	压缩机失油	X_{49}	步进电机坏
C_{12}	自动除霜功能故障	X_4	管路焊接问题	X_{27}	缸内杂质	X_{50}	导风叶卡住
C_{13}	遥控器故障	X_5	阀针卡住	X_{28}	热继电器不动作	X_{51}	导风电路板坏
C_{14}	风向控制器故障	X_6	扇叶撞坏	X_{29}	压缩机供电故障	X_{52}	高低压检测开关故障
C_{15}	系统压力过高/过低保护	X_7	安装松动	X_{30}	吸气阀故障		
D_1	膨胀阀脏堵	X_8	内机风机电机损坏	X_{31}	排气阀故障		

表5-6 T-S门16规则

规则	X_{41}	X_{42}	C_9		
			0	0.5	1
1	0	0	1	0	0
2	0	0.5	0.1	0.4	0.5
3	0	1	0	0	1
4	0.5	0	0.2	0.3	0.5
5	0.5	0.5	0.1	0.5	0.4
6	0.5	1	0	0	1
7	1	0	0.1	0.3	0.6
8	1	0.5	0	0	1
9	1	1	0	0	1

表5-7 T-S门38规则

规则	X_9	X_{10}	X_{11}	E_1		
				0	0.5	1
1	0	0	0	1	0	0
2	0	0	0.5	0.2	0.4	0.4
3	0	0	1	0	0	1
4	0	0.5	0	0.3	0.6	0.1
5	0	0.5	0.5	0.2	0.5	0.3
6	0	0.5	1	0.1	0.4	0.5
7	0	1	0	0	0	1
8	0	1	0.5	0.2	0.5	0.3
9	0	1	1	0	0	1
10	0.5	0	0	0.5	0.3	0.2
11	0.5	0	0.5	0.3	0.5	0.1
12	0.5	0	1	0	0	1
13	0.5	0.5	0	0.2	0.6	0.2
14	0.5	0.5	0.5	0.2	0.4	0.4
15	0.5	0.5	1	0	0	1
16	0.5	1	0	0.2	0.4	0.4
17	0.5	1	0.5	0.1	0.3	0.6
18	0.5	1	1	0.1	0.2	0.7

规则	X_9	X_{10}	X_{11}	E_1		
				0	0.5	1
19	1	0	0	0	0	1
20	1	0	0.5	0.1	0.3	0.6
21	1	0	1	0	0	1
22	1	0.5	0	0.2	0.2	0.6
23	1	0.5	0.5	0.1	0.4	0.5
24	1	0.5	1	0	0	1
25	1	1	0	0	0	1
26	1	1	0.5	0	0	1
27	1	1	1	0	0	1

5. 计算与分析

(1) 模糊可能性计算。

根据本节建立的模糊故障树及模糊门规则，可由已知各部件的故障模糊可能性计算出系统的故障模糊可能性，也可根据各个部件的故障状态计算出系统各种故障程度出现的模糊可能性。运用专家综合评判的故障树底事件失效率计算方法整理、汇总出各底事件的故障概率和梯形模糊可能性，如表 5-8 所示，其中隶属函数选取 $s_1 = s_r = 0.1 m_0$，$f_1 = f_r = 0.15 m_0$。

表 5-8　底事件模糊概率

底事件	故障概率	梯形模糊数
X_1	0.0650	(0.0488, 0.0585, 0.0715, 0.0813)
X_2	0.0830	(0.0623, 0.0747, 0.0913, 0.1038)
X_3	0.0250	(0.0188, 0.0225, 0.0275, 0.0313)
X_4	0.0160	(0.0120, 0.0144, 0.0176, 0.0200)
X_5	0.0070	(0.0053, 0.0063, 0.0077, 0.0088)
X_6	0.0120	(0.0090, 0.0108, 0.0132, 0.0150)
X_7	0.0085	(0.0066, 0.0077, 0.0094, 0.0106)
X_8	0.0560	(0.0420, 0.0504, 0.0616, 0.0700)
X_9	0.0403	(0.0302, 0.0363, 0.0443, 0.0504)
X_{10}	0.0284	(0.0213, 0.0256, 0.0312, 0.0355)
X_{11}	0.0077	(0.0058, 0.0069, 0.0085, 0.0096)

底事件	故障概率	梯形模糊数
X_{12}	0.0220	(0.0165, 0.0198, 0.0242, 0.0275)
X_{13}	0.0550	(0.0413, 0.0495, 0.0605, 0.0688)
X_{14}	0.0570	(0.0428, 0.0513, 0.0627, 0.0713)
X_{15}	0.0045	(0.0034, 0.0041, 0.0050, 0.0056)
X_{16}	0.0170	(0.0128, 0.0153, 0.0187, 0.0213)
X_{17}	0.0545	(0.0409, 0.0491, 0.0600, 0.0681)
X_{18}	0.0472	(0.0354, 0.0425, 0.0519, 0.0590)
X_{19}	0.0580	(0.0435, 0.0522, 0.0638, 0.0725)
X_{20}	0.0200	(0.0150, 0.0180, 0.0220, 0.0250)
X_{21}	0.0323	(0.0242, 0.0291, 0.0355, 0.0404)
X_{22}	0.0262	(0.0197, 0.0236, 0.0288, 0.0328)
X_{23}	0.0150	(0.0113, 0.0135, 0.0165, 0.0188)
X_{24}	0.0273	(0.0205, 0.0246, 0.0300, 0.0341)
X_{25}	0.0056	(0.0042, 0.0050, 0.0062, 0.0070)
X_{26}	0.0220	(0.0165, 0.0198, 0.0242, 0.0275)
X_{27}	0.0083	(0.0062, 0.0075, 0.0091, 0.0104)
X_{28}	0.0620	(0.0465, 0.0558, 0.0682, 0.0775)
X_{29}	0.0125	(0.0094, 0.0113, 0.0138, 0.0156)
X_{30}	0.0220	(0.0165, 0.0198, 0.0242, 0.0275)
X_{31}	0.0125	(0.0094, 0.0113, 0.0138, 0.0156)
X_{32}	0.0175	(0.0131, 0.0158, 0.0193, 0.0219)
X_{33}	0.0238	(0.0179, 0.0214, 0.0262, 0.0298)
X_{34}	0.0320	(0.0240, 0.0288, 0.0352, 0.0400)
X_{35}	0.0340	(0.0255, 0.0306, 0.0374, 0.0425)
X_{36}	0.0185	(0.0139, 0.0167, 0.0204, 0.0231)
X_{37}	0.0520	(0.0390, 0.0468, 0.0572, 0.0650)
X_{38}	0.0410	(0.0308, 0.0369, 0.0451, 0.0513)
X_{39}	0.0225	(0.0169, 0.0203, 0.0248, 0.0281)
X_{40}	0.0020	(0.0015, 0.0018, 0.0022, 0.0025)
X_{41}	0.0670	(0.0503, 0.0603, 0.0737, 0.0838)
X_{42}	0.0030	(0.0023, 0.0027, 0.0033, 0.0038)

底事件	故障概率	梯形模糊数
X_{43}	0.0250	(0.0188, 0.0225, 0.0275, 0.0313)
X_{44}	0.0650	(0.0488, 0.0585, 0.0715, 0.0813)
X_{45}	0.0410	(0.0308, 0.0369, 0.0451, 0.0513)
X_{46}	0.0680	(0.0510, 0.0612, 0.0748, 0.0850)
X_{47}	0.0475	(0.0356, 0.0428, 0.0523, 0.0594)
X_{48}	0.0315	(0.0236, 0.0284, 0.0347, 0.0394)
X_{49}	0.0593	(0.0445, 0.0534, 0.0652, 0.0741)
X_{50}	0.0240	(0.0180, 0.0216, 0.0264, 0.0300)
X_{51}	0.0130	(0.0098, 0.0117, 0.0143, 0.0163)
X_{52}	0.0310	(0.0233, 0.0279, 0.0341, 0.0388)

根据表 5-6 中的 T-S 门 16 规则和表 5-8 中的底事件模糊概率，假设各底事件故障程度为 0.5 的概率与故障程度为 1 的概率相同。结合式 (5-3) 和式 (5-4) 可计算出上级事件 C_9 各种故障程度的模糊可能性：

$$P(C_9=0)=\sum_{l=1}^{9} P_0^l P^l (C_9=0)=P_0^1 P^1 + P_0^2 P^2 + P_0^4 P^4 + P_0^5 P^5 + P_0^7 P^7$$
$$=(0.9361, 0.9236, 0.9067, 0.8939)$$

$$P(C_9=0.5)=\sum_{l=1}^{9} P_0^l P^l (C_9=0.5)=P_0^2 P^2 + P_0^4 P^4 + P_0^5 P^5 + P_0^7 P^7$$
$$=(0.0112, 0.0133, 0.0163, 0.0185)$$

$$P(C_9=1)=\sum_{l=1}^{9} P_0^l P^l (C_9=1)=(0.0527, 0.0631, 0.0771, 0.0876)$$

由上式可以看出，中间事件 C_9（恒温自动控制）出现无故障的模糊可能性较大，而出现中等故障和重大故障的模糊可能性较小。通过调查发现，空调的微电脑单片机及各厂家选型的温度传感器可靠性较大，表明分析的结果与实际情况相符。进一步由下至上逐层计算，最终得出顶事件 T 的模糊可能性为

$$P(T=0)=(0.8692, 0.8445, 0.8132, 0.7878)$$
$$P(T=0.5)=(0.0772, 0.0893, 0.1026, 0.1128)$$
$$P(T=1)=(0.0536, 0.0662, 0.0842, 0.0993)$$

根据上述结果，空调不发生故障的可能性较大，而出现中等故障和严重故障的可能性较低。

（2）模糊重要度计算。

在实际应用中仅仅知道顶事件故障可能性还不够，还需要关注哪些部件的失效对顶事件起关键作用。利用概率重要度和关键重要度，找出影响空调系统失效的关

键因子，从而为设计研发提供决策。运用式（5-8）和式（5-9）分别计算和列出影响较大的前 10 个底事件的概率重要度和关键重要度（见表 5-9、表 5-10）。

表 5-9　对空调系统影响较大的底事件 T-S 概率重要度

序号	底事件	$I_{0.5}^{p_r}(X_j^{i_j})$	序号	底事件	$I_1^{p_r}(X_j^{i_j})$
1	X_{42}	0.0659	1	X_{42}	0.0848
2	X_{45}	0.0508	2	X_{18}	0.0521
3	X_6	0.0360	3	X_8	0.0503
4	X_7	0.0357	4	X_{44}	0.0411
5	X_{18}	0.0351	5	X_7	0.0399
6	X_{43}	0.0351	6	X_6	0.0393
7	X_8	0.0337	7	X_{43}	0.0390
8	X_{44}	0.0304	8	X_{30}	0.0380
9	X_{40}	0.0249	9	X_{10}	0.0369
10	X_{13}	0.0234	10	X_{31}	0.0365

表 5-10　对空调系统影响较大的底事件 T-S 关键重要度

序号	底事件	$I_{0.5}^{c_r}(X_j^{i_j})$	序号	底事件	$I_1^{c_r}(X_j^{i_j})$
1	X_{45}	0.0212	1	X_8	0.0482
2	X_{44}	0.0201	2	X_{44}	0.0433
3	X_8	0.0192	3	X_{18}	0.0421
4	X_{18}	0.0168	4	X_{41}	0.0288
5	X_{13}	0.0131	5	X_{19}	0.0283
6	X_{14}	0.0129	6	X_9	0.0277
7	X_{46}	0.0099	7	X_{34}	0.0271
8	X_{43}	0.0089	8	X_{13}	0.0262
9	X_2	0.0081	9	X_{14}	0.0258
10	X_{17}	0.0071	10	X_2	0.0255

　　由表 5-9 可知，当空调出现中等故障和严重故障时，底事件 X_{42} 的 T-S 概率重要度最大。由于空调微电脑单元具有控制室温、压缩机三分钟延时保护、独立除湿及控制风扇转速等功能，其影响组件较多，表明分析结果与实际情况相符。而由表 5-10 可知，当系统出现严重故障时，底事件 X_8 的关键重要度最大，其次依次是 X_{44}、X_{18}、X_{41}、X_{19}、X_9、X_{34}、X_{13}、X_{14}、X_2。结合表 5-9 可以看出，虽然 X_{42} 控制功能较多且概率重要度最大，但实际上空调的微电脑组件由于可靠性较高，所以它并不是关键重要度最高的部件。由表 5-10 知，当 X_{44} ～ X_2 空调发生严重故障时，关

键重要度较高的是电机故障、温度传感器、电源线故障、焊接故障及管路问题等，为进一步地优化产品提供设计依据与参考。

本节引入了 T-S 模糊逻辑门概念，着重介绍了 T-S 模糊故障树理论、T-S 模糊门和上级事件故障的模糊可能性计算公式，并介绍了 T-S 模糊故障树的重要度计算，包括概率重要度和关键重要度，为下一步家用空调系统定性和定量分析提供理论支撑。

（1）提出一种基于 T-S 模糊故障树用以分析家用空调故障可能性的方法，根据家用空调系统的历史故障数据，采用概率模糊数对故障树进行定量分析，得到顶事件空调失效 T 的故障概率区间。计算底事件的 T-S 重要度，得到故障树底事件重要度排序，找出影响空调系统可靠性的关键部件。

（2）与传统故障树模型评估方法相比，T-S 模糊故障树分析方法能够有效发挥模糊逻辑推理的优势，从而解决系统故障机理的不确定性问题，同时又充分结合专家经验和历史数据的 T-S 门，更接近实际系统情况，从而有效提高分析过程的准确性与可靠性。

（3）当前智能家居的快速发展（如远程控制、语音识别等），新的元器件历史数据的缺失，使传统故障树的应用具有一定的局限。在设计阶段运用 T-S 模糊故障树分析空调故障可能性和底事件重要度具有现实意义。

5.3　基于用户心理的家用空调可靠性分析

5.3.1　用户心理可靠性

1. 用户心理可靠性概念

20 世纪，大规模生产模式在全球制造业领域占据统治地位，它曾经极大地促进了全球经济的飞速发展，使整个社会进入全新阶段。但是，随着世界经济日益发展，市场竞争日趋激烈，消费者的消费观和价值观越来越呈现出多样化、个性化的特点，随之而来，市场需求的不确定性越来越明显，大规模生产方式已无法适应这种瞬息万变的市场环境。

模糊故障树理论分析是从设计者或开发者角度强调产品性能上的可靠性，对产品的功能及使用上的可靠性具有重要作用。但对于真正的好的设计来说，可靠性不仅仅在于产品本身使用上和功能上的无故障性，也在于用户心理的可靠性。维克多·帕帕奈克在其著作《为真实世界的设计》中强调，产品设计要为人的需求 (needs)，而不是欲求（wants）设计。

用户心理可靠性可以看作是心理学的具象表现特征之一，应与产品工程可靠性相结合，共同组成产品的可靠性。用户心理可靠性这一定义本身在设计学或心理学上较少以特定形式出现，但其确实存在于现实社会中，存在于用户日常生活中。据调查，很多用户在操作复杂产品或设备时，往往会担心出错，这种担心的心态正是由于产品设计未能与用户心理建立可靠性联系。虽然用户心理可靠性相关文献没有对其进行定义，但用户心理可靠性的原则及内涵均符合设计学和心理学等领域。

所谓用户心理可靠性是指产品或系统是否给用户带来使用上的简单性、外观色彩的舒适性及产品体现出的文化象征性，是指产品、系统传达出的使用、交互、情感、文化隐喻等与用户内心的相互作用和依赖关系，具体表现为：产品的外观、色彩、材质是否具有亲近性；产品功能是否具有可视性；交互是否具有明确性；产品是否具有易用性；文化特征传递是否具有有效性；产品与使用空间、地域文化是否具有融合性。用户心理可靠性层次如图 5-9 所示。

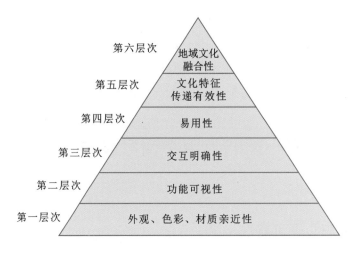

图 5-9　用户心理可靠性层次

（1）产品外观、色彩、材质亲近性。

产品首先传达给用户的就是外观、色彩与材质，这也是工业设计师要考虑的最基础的内容。通过分析可知，目前家用空调外观形式大致可分为两类：一是以白色为主的早期的空调外观设计，主体以白色为主并以一些图案为辅助，目前市面上大多数空调产品依然采用该类形式；另一种是在分析未来设计趋势的基础上，运用全新的设计语言进行外观和色彩设计，使之具有科技感、未来感，该设计方法符合一定的用户尤其是年轻用户的青睐，也是目前空调产品的工业设计的趋势。

（2）产品功能可视性。

研究发现，对于稍复杂的产品和系统而言，直到产品即将废弃时，用户才发现产品隐藏很多自己不曾使用过的功能或操控方式。唐纳德·A. 诺曼曾说过，当产品需要详细的使用说明书时，意味着这是一个失败的设计，或者至少不是一个好设计。对于现有的家用空调而言，很少有用户能够全部使用过控制器上的所有功能按键。谁没有过按错控制器上的按键的经历呢？对于老年人或者残障人，这样的情况只会更糟！你进入房间能否仅通过空调显示屏清楚地知道当前的风速是多少呢？另外，产品除湿功能在特定条件下可作为制冷。

（3）交互明确性。

当用户在进行交互及操作时，产品或者系统能及时反馈结果。当用户在关闭空调显示屏灯光后，再次按下空调开启键时，空调能及时反馈当前的模式状态，而不是在空调运行几分钟后，发现原本需要的制热模式变成了通风或制冷模式。原本需要按控制器上的风量大小，结果却按到了其他键，之后需要更烦琐的步骤去恢复原本需要的功能。用户无疑会觉得交互明确性的产品更可靠。

（4）易用性。

易用性与产品功能的多样性并不矛盾，反而越是功能多的产品越应该简单易用。随着智能家居的发展，智能家电承担或集成了比以往更多的功能。产品功能越多，控制器也被赋予越多的功能，用户的操作动作与操作结果之间的匹配关系越多。试想让你此刻去调节某教室或者场所的中央空调面板，你是否能准确无误地一次性调节到所需要的结果？显然是不可能的。所以，产品的易用性肯定影响了用户对产品可靠性的评价。

（5）文化特征传递有效性。

产品是否被赋予了文化特征直接或间接地影响用户的选择。随着大规模生产的发展，人们更倾向于选择具有个性化或者具有文化寓意的产品。选取具有文化特征的产品多数是产品传达的文化、某种象征、某种寓意与用户在某个时间或者空间节点上的情结、依恋或者共鸣有关。玫瑰空调和海豚仿生如图 5-10、图 5-11 所示。

（6）地域文化融合性。

用户在选择产品时，不再仅仅考虑功能、价格等因数，越来越倾向于选择与家庭整体装饰风格相搭的产品。符合地域文化特征的产品绝对比千篇一律的产品形式好。

以上这些原则从用户对产品的可靠性为出发点，而不是仅仅从设计师角度考虑问题，更多地考虑用户的需要而不是欲求。现有空调厂商的关注点仍然是技术、功能、成本及鲜有的产品可靠性，而很少关注用户内心的情感化需求。记得一位设计学教授说过，"你以为你以为的就是你以为的吗？"工程团队研发的高可靠性产品对最终用户来说未必可靠。这也就意味着空调厂商不仅需要确保产品功能的可靠性，也需要考虑用户心理的可靠性，因为最终选择产品的只能是用户。

图 5-10　玫瑰空调　　　　　　　　　　　　图 5-11　海豚仿生

2. 用户心理可靠性的重要度

前面分析了用户心理可靠性的概念与原则。用户心理可靠性是设计心理学深入研究的一面，设计心理学的重要意义同样适合于用户心理可靠性。深入研究用户心理可靠性具有重要的现实意义。用户心理可靠性重要度主要体现在以下方面。

（1）满足消费者（用户）对高品质产品的需求。

随着社会的进步、经济的发展、物资生产能力的提高，消费者面对品种繁多、数量巨大的产品，已由原先的被动接受转为主动选择，同时对产品的要求也越来越高。空调研发生产也转为以消费者心理为主导的方向，除了注重功能、使用方式以外，也越来越注重消费者需求、地域文化特征等。

（2）满足社会发展的需要。

技术越先进、信息越进步、物资越丰富，产品的生命周期越短。消费者用完即弃的消费理念也慢慢从数码、电子产品延伸到了家电领域。功能过时、质量过时、形式过时等有计划的商品废止制从一定程度上造成了社会资源的极大浪费。据调查，青年一代在购新房之后，原有住房的空调基本报废处理。一方面是因为拆装成本太高，另一方面是因为样式和功能被淘汰。在这种情况下，满足用户心理的产品往往能减少社会资源的浪费。

① 满足企业与市场竞争的需要。

随着企业的发展，为了应对不断加剧的市场竞争，企业的经营理念也需要不断提升。设计心理学在企业的产品研发过程中参与性越来越高，对于复杂产品，越应重视用户心理可靠性。据调查，消费者尤其是中老年消费者面对复杂产品时，往往不在乎其功能和形式，而在乎产品是否可靠、操作是否简单、是否传达某种文化和内涵，这些恰恰是用户心理可靠性的具象表现特征。

② 设计师的责任。

设计的产品虽然来源于日常生活中，是以用户的需求为基础进行产品的创新设计，但设计师的主观意识、文化背景、思维方式、情感、个性等都直接影响设计结果。设计师应多从用户心理可靠性进行分析，形成以人为本的设计观。在设计中既要考虑个体需求，又要考虑群体需求。

5.3.2　基于用户心理的家用空调可靠性分析

1. 家用空调用户心理可靠性调查

对于复杂的产品、系统或界面而言，产品呈现给用户的心理可靠性尤为重要，甚至决定了用户是否购买产品（不排除有些用户专对复杂产品感兴趣）。例如，在智能手机拍照功能如此强大的今天，普通人群是否会为了拍照而购买按键相当复杂的单反相机呢？大多数人不会，不仅仅是因为价格，而是因为那些复杂的按键阻止了内心的欲望。

在智能家居衍生的众多智能家电中，智能空调将会叠加越来越多的功能。与之相对应的就是匹配关系更加复杂，所需元器件更加丰富。通过调查分析，空调产品用户痛点如表 5-11 所示。

表 5-11　空调产品用户痛点

序号	用户痛点	可能原因
1	产品有些功能不会操作	对功能不了解
2	怕费电，不敢开	无法显示每次用电（无统计）
3	产品设计太过前卫	设计问题或接受水平问题
4	遥控器复杂，很多都不会用	按键设计太多
5	经常会按错键	按键设计方式有问题
6	晚上需要辅助灯光才能看清屏幕	按键设计方式有问题
7	外观色彩缺少民族文化	设计的民族元素少
8	产品和家庭装修不符，都是白色为主	设计过于大众化
9	缺少特殊人群的使用	未考虑特殊人群的使用
10	新出现的手机控制、语音控制不适合	非刚性需求

通过调查发现，虽然普遍认为空调产品使用十分简单，但仍然存在一些常见问题：① 有些功能不会操作，其可能的原因是用户对功能不了解、新功能不断增加，如空气净化、远程控制、除湿功能等；② 晚上经常需要通过辅助光源才能调控控制器，经常通过开灯、开手机或通过窗外灯光才能看清楚控制器上的屏幕。该问题比较常见，原因是现有的控制器设计无法让用户在无任何外加条件的基础上精准控制。这不仅降

低用户体验度，而且会造成用户认为产品不可靠。用户对产品除了使用上的需求与痛点外，还认为现有产品创新性不足。比起柜式空调，壁挂式空调明显存在设计滞后问题，民族文化性不足。壁挂式空调产品的用户心理可靠性分析具有现实意义。

2. 家用空调用户心理可靠性模型

用户心理可靠性产品设计需遵循一定的设计原则，因不同年龄、不同文化背景、不同地域的差异性，用户心理可靠性除具有一定的大众性之外，还具有一定的区别性、差异性，应具体问题具体分析。本研究在做调查研究时均采取特定人群进行调查分析，选取四川凉山彝族这一特定少数民族的空调用户进行调查研究。彝族空调用户心理可靠性模型如图5-12所示。

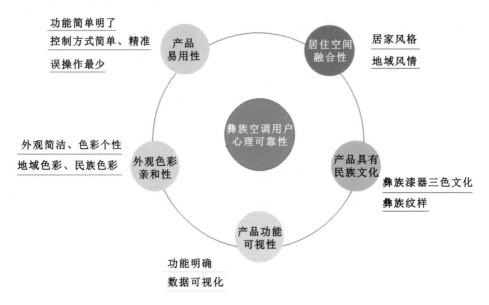

图 5-12　彝族空调用户心理可靠性模型

5.3.3　四川凉山彝族漆器文化研究

1. 凉山彝族漆器色彩分析

彝族不同器皿漆的彩绘用色主要是黑、红、黄三种，所使用的漆为土漆，分别兑以锅烟、朱砂、石黄，调制成黑、红、黄三种漆色。谈到彝族漆器的色彩运用，也同漆器的造型一样离不开本民族的习俗和文化传统。与藏族、白族、纳西族喜爱的白色相反，彝族崇尚黑色。彝族人以黑为贵，黑色在本民族中意味着等级最高。彝族餐具色彩如图5-13所示。

图 5-13　彝族餐具色彩

据考证，彝族人把"黑色"象征群山与黑土，给人以庄重肃穆、沉静高贵、威严沉默、刚强坚韧之感，同时，他们还把黑色视为高贵的象征。红色象征火，它能驱除黑暗、带来光明，或者送来吉祥，给人以坚定炽热、充满活力的感受。为此，他们视红色为生命之色。黄色象征阳光、健康和平安，或者象征丰收与富裕、善良与友谊。

2. 凉山彝族漆器纹样分析

凉山彝族漆器的纹样皆源于自然，来自生活（见图 5-14、图 5-15）。山河日月、花鸟虫蛇、植物形体、家畜野兽及生产生活用具，通过直接模拟，再加以提炼，概括为圆日、弯月、水浪、山形、鱼泳、马翔、动物的弯角、爬蠕的小虫等。彝族同胞以原始的感性为立足点，超越了传统感性界限，结合并融合了精神世界与物质形态，构思出简洁丰富、抽象淳朴的装饰纹样，使艺术与器具和谐地合二为一，呈现出一种独特的韵味。彝族漆器纹样如表 5-12 所示。

图 5-14　彝族色彩纹样

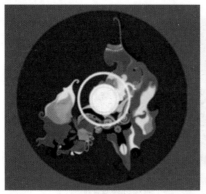

图 5-15　彝族色彩纹样在现代产品中的应用

表 5-12　彝族漆器纹样

自然物纹样	山脉纹	① 星星 ② 菜籽 ③ 苏麻	水纹	太阳纹	① 太阳及光束 ② 角度为12，表示12个月 ③ 角度为8，表示8个方位 ④ 角度为4，表示4个方向	月亮纹
动物纹样	虫纹	鱼眼纹	蛇纹	鸡眼纹	① 鸡肠纹 ② 羊肠纹	牛眼纹
	鸡冠纹	羊角纹	牛角纹	马牙纹	① 鱼刺 ② 鸟翅 ③ 蕨芨叶	
植物纹样	花蕾纹	花纹	南瓜子纹	茄子纹	蒜瓣纹	
生产、生活用具纹样	火镰纹	① 火镰纹 ② 鸡岔肠	缠线架纹	窗格纹	吉祥纹	矛头纹
	栅栏纹	铜钱纹	金链纹	渔网纹	饰球纹	指甲纹

　　通过对彝族漆器的色彩与纹样的分析，可以看出彝族漆器来源于彝族先辈的日常生活，它们不仅仅是日常用品，更是某种精神或图腾，具有特定的象征意义。在彝族漆器文化的基础上设计家用空调可以更好地带来用户心理的可靠性。但通过深层次分析可以看出，如果简单照搬传统彝族纹样的话，会造成产品设计上的混乱。这不仅不利于彝族宝贵文化的传承，还会造成产品设计上的失败，所以在设计上应予以取舍。

　　（1）色彩上的运用。

　　黑色给人以稳重、大气之感，在底色为黑色的基础上，用红、黄色绘制出各类装饰纹样，黑色能够很好地调和红色和黄色的冲突感。彝族具有隐喻意义的黑、红、黄三色在现代产品上应遵循工业设计主流。在产品设计中不能对色彩进行全部描图，而应该在产品的局部进行点缀，起到画龙点睛的作用。由于空调产品主流消费市场仍以白色或者浅灰为主，所以应保留主体白色，并辅以黑、红、黄三色。

　　（2）纹样上的运用。

　　由于现代产品的造型一般以几何体为主体，宜在局部进行变形等处理，所以在现代产品中应选取彝族漆器中的较规整的几何体纹样，以达到与整体造型相融合的特征。在种类选择上，不应选取过多种类，而应选取一到两种纹样在产品整体或局部进行使用。

5.4　家用空调方案设计与验证

5.4.1　家用空调方案设计与优化

1. 家用空调物理层可靠性优化

　　通过上文分析得出，当空调出现中等故障和严重故障时，底事件 X_{42} 的 T-S 概率重要度最大。当系统出现严重故障时，底事件 X_8 的关键重要度最大，其次依序是 X_{44}、X_{18}、X_{41}、X_{19}、X_9、X_{34}、X_{13}、X_{14}、X_2。空调发生严重故障时，关键重要度较高的是电机故障、温度传感器、电源线故障、焊接故障及管路问题等，在空调产品研发中应重点考虑以上元部件。

　　（1）元部件设计选型。

　　对于产品研发或者工业设计师来说，产品设计已不再仅仅是外观设计或者结构设计，而是两者相互影响、协调统一。外观设计受结构、元器件影响。无论是结构设计还是外观设计都应该考虑产品的使用寿命。结合 5.2.3 节分析结果，对产品元部件（如电机、传感器、电源线及生产工艺中的焊接）进行综合改进。在产品元器件选型过程中，除了考虑高可靠性的元部件，还应考虑空调产品的成本，应对两者进行综合考虑（见图 5-16）。

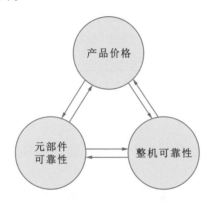

图 5-16　元部件可靠性、产品价格与整机可靠性的关系

（2）新的生产制造工艺。

焊接故障与管路问题是空调故障中常见的问题。虽然微小的焊接问题对整机影响不大，但漏氟会导致空调制冷/制热性能效果不佳，长期运行会导致空调连锁故障。现有焊接技术是无法杜绝焊接缝隙、漏焊、焊渣等问题，为此本研究提出以增材制造（additive manufacturing，AM）即 3D 打印技术对部分铜管或转接头进行整体成型，在一定程度上减少焊接问题（见图 5-17、图 5-18）。通过对现有工艺与新技术的分析，在中国制造 2025 的背景下，未来将会运用越来越多的新技术，其中增材制造技术将会在家用空调产品生产中扮演越来越重要的作用。

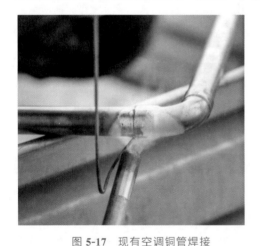

图 5-17　现有空调铜管焊接

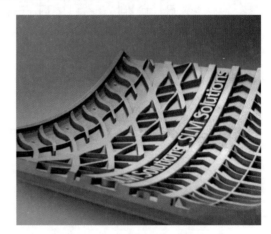

图 5-18　SLM（激光选区熔化）技术

（3）新零部件的研发。

除了上述两种方法之外，新零部件的研发是提升产品可靠性的重要途径。从电机、风机到各类传感器和其他部件，只有不断研发新零部件，空调整机的可靠性才会逐步提升。

2. 用户心理可靠性方案设计——以凉山彝族用户为例

由于用户心理受地域、文化等因数影响，所以本方案在四川凉山彝族这一特定民族的基础上进行空调设计，并以此分析产品设计中的用户心理可靠性。设计主要分为两个部分，即产品的内机和控制器。因为产品外机往往安装于墙面之外，与用户接触较少，所以在本次方案中暂不体现外机设计。家用空调产品设计流程如图 5-19 所示。

图 5-19　家用空调产品设计流程

（1）设计背景。

设计背景如图 5-20 所示。

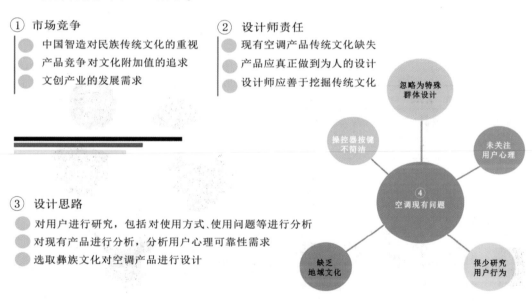

① 市场竞争
　● 中国智造对民族传统文化的重视
　● 产品竞争对文化附加值的追求
　● 文创产业的发展需求

② 设计师责任
　● 现有空调产品传统文化缺失
　● 产品应真正做到为人的设计
　● 设计师应善于挖掘传统文化

③ 设计思路
　● 对用户进行研究，包括对使用方式、使用问题等进行分析
　● 对现有产品进行分析，分析用户心理可靠性需求
　● 选取彝族文化对空调产品进行设计

④ 空调现有问题
　忽略为特殊群体设计
　未关注用户心理
　操控器按键不简洁
　缺乏地域文化
　很少研究用户行为

图 5-20　设计背景

（2）设计调研。

设计了两个调研，如图 5-21 和图 5-22 所示。

（3）效果展示。

方案草图如图 5-23 所示，方案效果图如图 5-24 所示。

（4）细节展示。

出风口、进风口和控制器等进行了细节设计，如图 5-25～图 5-28 所示。

竞品分析

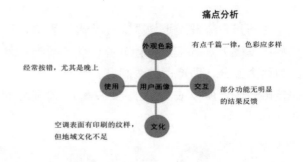

痛点分析

有点千篇一律，色彩应多样

经常按错，尤其是晚上

部分功能无明显
的结果反馈

空调表面有印刷的纹样，
但地域文化不足

设计分析

通过对市面上空调产品的调研发现，在现今社会背景下，空调产品仍然如20世纪一样，以"白色家电"为主。白色是永恒的吗？消费者真正的需求如何？很显然，以白色为主的简单造型或表面印刷植物纹样的空调已与多样化的需求背道而驰。中国智造要求产品具有文创性、民族性。

图 5-21　家用壁挂空调调研

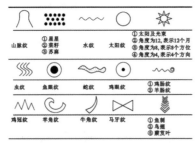

彝族漆器纹样

据考证，彝族人把"黑色"象征群山与黑土，给人以庄重肃穆、沉静高贵、威严沉默、刚强坚韧之感，同时，他们还把黑色视为高贵的象征。"红色"象征火，它能驱除黑暗带来光明，或者送来吉祥，给人以坚定炽热、充满活力的感受。为此，他们视红色为生命之色。"黄色"象征阳光、健康和平安，或者象征丰收与富裕、善良与友谊。

虫纹

凉山彝族漆器既是传统的生活用品，又是精美的工艺品。通常，凉山彝族的漆器以山河日月、花草鸟兽及生产生活用具为素材，通过直接模拟，再加以提炼、概括并表现出来，形成了众多的纹饰。纹样皆源于自然，来自生活。例如，通过对山河日月、花虫鸟蛇、植物形态、家畜野兽及生产生活工具的直接模拟，再加以提炼、概括出圆口、弯月、水浪、山形、鱼泳、鸟翔、动物的弯角、爬蠕的小虫等图饰。

彝族漆器作品

通过调查分析，四川凉山彝族漆器具有宝贵的文化价值，极具地域特色的彝族用户有对空调产品外观、色彩及纹样具有民族性的审美需求。

图 5-22　彝族漆器文化调研

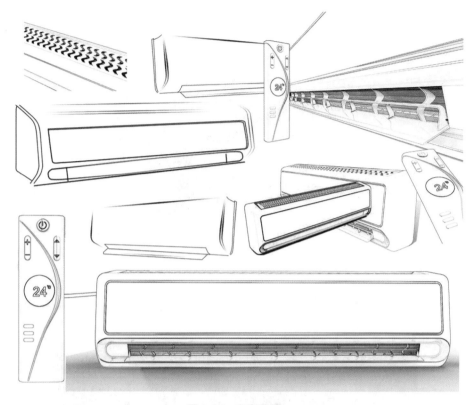

图 5-23　方案草图

图 5-24　方案效果图

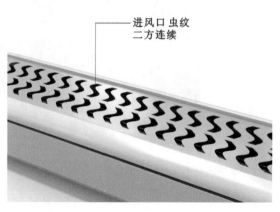

图 5-25　细节图 1——出风口（运用彝族虫纹）　图 5-26　细节图 2——进风口（运用彝族虫纹）

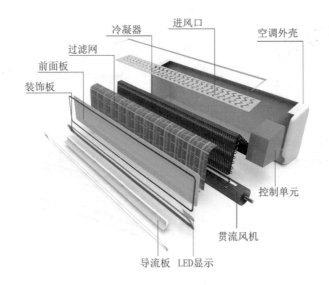

图 5-27 细节图 3——爆炸图

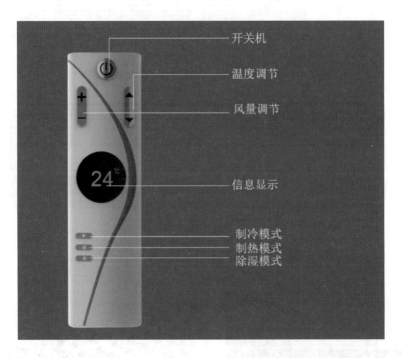

图 5-28 细节图 4——控制器设计

（5）场景图。

使用场景——现代家居空间如图 5-29 所示。

图 5-29　使用场景——现代家居空间

5.4.2　设计方案评价与验证

1. 对比与实验验证法

采用对比与实验验证法对 T-S 模糊故障树分析结果进行验证。当空调出现中等故障或完全故障时，表 5-10 中概率重要度最高的为 X_{42}（电脑控制单元），与分析结果一致。由于空调系统的原理基本相同，故可作为参考验证。实验分析：① 抽取运行年限 5 年的某型号空调 100 台作为样品，获取后台故障代码并筛选有效故障数据共计 104 次（见表 5-13）；② 选取 100 台完全故障的家用空调让技术人员进行检修与分析，结果如图 5-30 所示。

表 5-13　抽样空调故障记录

序号	故障描述	对应底事件	故障频次
1	电脑控制单元	X_{42}	23
2	扇叶异常	X_6	18
3	除霜异常	X_{45}	12
4	风扇异常	X_7	12
5	外机风机异常	X_{18}	9
6	电流不稳定	X_{43}	8

序号	故障描述	对应底事件	故障频次
7	内机风机异常	X_8	6
8	翅片脏	X_{40}	6
9	调温异常	X_{44}	5
10	铜管漏	X_{13}	5

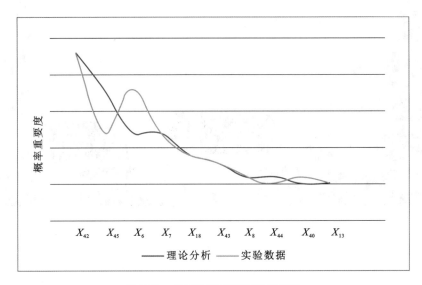

图 5-30　分析结果与实际验证结果

通过上述的对比与实验验证可得出，在产品设计阶段通过模糊故障树分析法提供的决策可以有效提高新产品的可靠性，减少产品生命周期内的故障，本质上对社会资源是一种节约，并且可以带来用户较好的体验感，有效降低高空维修作业风险。

2. 用户心理可靠性评价

针对彝族空调设计方案进行用户评价。通过预设 10 组评价项，选取 100 位彝族地区用户对设计方案与之前使用过的空调方案进行对比，采用加权平均数得出表 5-14 的评价结果。

表 5-14　用户评价

项目	新设计方案	之前使用过的空调
外观、色彩、材质是否具有亲近性	6	5
产品功能是否具有可视性	6.5	6.5
交互是否具有明确性	5	5
是否具有易用性	7	5.5

项目	新设计方案	之前使用过的空调
传达某种文化	6	6
与使用场景的融合性	7	7
是否具有地域文化	8	5
产品给人心理的可靠程度	7.5	6
你的购买欲望如何	6	5.5

通过数据分析可以看出，新设计的彝族空调方案在整体上符合用户的需求，某种程度上契合用户心理可靠性。但在某方面，新设计方案还需要进一步完善。但从表 5-14 中可以看出，产品所传达的彝族地区的地域文化特征较为明显，且给用户心理可靠性明显高于之前的产品。这一结果与预期的效果相一致，进一步说明本章分析的用户心理可靠性具有可行性。

5.5　本章小结

21 世纪以来，制造业面临着全球产业结构调整带来的巨大机遇和挑战。产品可靠性无疑是这些机遇与挑战的重要体现。低可靠性的产品将不断被代替。对于家用空调产品来说，提高其可靠性无疑是竞争的需要和制造水平的体现。在中国制造2025 这一背景下，中国制造不仅仅是数量的象征，也是质量的重要体现。除了宏观层面上的技术创新、模式创新和组织方式创新的先进制造系统外，微观层面上的高质量、高可靠性的产品无疑是智能制造的重要组成部分。通过研究发现，产品在物理层的可靠性提高的同时，也不应忽略用户的心理感受，当代工业设计俨然已成为多学科交叉、融合的学科。设计师的角色将发生重要改变，不再仅仅关注产品的造型、色彩和图案，还应关注用户的真实需求。

本章将模糊故障树分析法与设计心理学方法相结合，得出基于模糊故障树和用户心理的家用空调可靠性分析方法。

（1）基于 T-S 模糊故障树的家用空调可靠性分析的应用。针对家用空调运行故障的原因识别，以事故原因的角度构建空调故障这一顶事件的模型思路。运用 T-S模糊理论结合故障树分析，建立家用空调运行故障的 T-S 模型。在获取空调厂家近几年的维修数据及专家经验的基础上，运用专家综合评判的故障树底事件失效率计算方法，整理汇总出各底事件的故障概率和梯形模糊可能性，最后进行 T-S 模糊可能性和 T-S 模糊重要度分析。

（2）运用设计心理学相关理论和方法对空调用户进行用户心理分析。通过设计心理学中的本能、行为及反思层面对用户行为进行研究，对空调的外观、使用方式、情感化表达进行分析。由于不同文化背景、不同地域的用户心理具有差异性，本章选取四川凉山彝族这一特定用户群体进行分析。对彝族的三色文化及图案进行解读，并对彝族家庭装修风格进行简单调查，对彝族空调产品进行设计构思。

（3）对空调产品方案进行设计。① 通过基于模糊故障树得到影响空调可靠性的重要部件，从设计选型、生产制造等环节进行优化，初步尝试运用诸如 3D 打印等智能制造方式对部分现有结构工艺进行改良，如对部分经常漏焊或焊接有问题的铜管部分运用 3D 打印以减少焊接点，既简化制造流程，又提高其可靠性。② 在基于彝族用户心理及文化分析的基础上，设计出适合地域文化的产品设计，提高用户心理可靠性，如兼顾特殊人群的空调控制方式的设计、产品传达文化的设计、适合彝族文化的设计。对设计方案进行用户评价，选取一定数量人群对新方案进行评分，并按照建议与意见进行产品优化。

（4）对设计方案进行评价与验证。设计方案评价分为两个部分：通过对现有产品故障的实验解析，验证模糊故障树分析法的可行性；通过用户对产品评分，验证用户心理可靠性分析的可行性，以对空调产品进行改进。

本章弥补了行业内关于家用空调可靠性定量分析研究的不足，并创新性地将家用空调的可靠性分为产品固有结构功能可靠性和用户心理可靠性，为工业设计与工程学科的交叉研究提供了一定的参考意义。

 思考题

1. 故障树分析和 T-S 模糊故障树分析的概念是什么？
2. 简述用户心理的三个层次，它们的表现特征是什么？
3. 用户心理可靠性的概念是什么？它分为哪几个层次？
4. 与传统故障树模型分析法相比，T-S 模糊故障树分析法有哪些优点？
5. 工业产品设计中，产品设计步骤有哪些？请用流程示意图体现出来。

扫码做题

第 6 章　家用智能灭火机器人设计

随着社会经济的快速发展，人们生活水平得以提高，家庭环境装饰愈加繁华，且家用大功率电器的种类和数量日益增多，使用较为频繁。装饰材料的易燃性、电器线路短路和超负荷运行等因素，致使我国家庭火灾事故频频发生，造成严重的财产损失，并剥夺了很多人的生命。调查结果显示，家庭火灾多发生在夜间 22 点至早上 6 点，极易造成人员伤亡，此时间段人们处于睡眠状态，难以觉察火灾的发生。针对此种情况，对传统灭火器进行创新设计，结合互联网和智能化社会背景，提出"互联网＋传统灭火器"的想法，设计一款家用智能灭火机器人，能够实时监测火灾隐情，发现火灾并及时扑灭，最大限度地降低火灾造成的人员伤亡和财产损失。

家用智能灭火机器人的设计研究过程交叉融合了人机交互、感性工学、心理学、信息科学、人工智能等多种学科，并从智能灭火机器人的消费市场、目标用户、品牌设计等多维度探究分析，致力于设计出提供良好用户体验的家用智能灭火机器人。

6.1　引言

6.1.1　设计背景

火灾是一种突发性灾害现象，破坏性极强，严重危害到人类生命财产安全和自然环境。调查结果显示我国居民的家庭消防安全意识相当薄弱，80％以上的家庭没有配备家用灭火器等相关消防产品，使得家庭火灾频频发生，造成了重大的人员伤亡和财产损失。

如何能够在火灾发生初期有效抑制火灾的蔓延，减少不必要的伤害，这正是家庭消防产品的价值所在。火灾发生初期，火源燃烧面积小，火势微弱，使用家庭消防产品即可迅速扑灭火焰，有效减轻火灾造成的危害。目前市场上适合家庭环境的消防产品主要有灭火器、灭火毯、自救呼吸器、逃生缓降器等。

市场上家用消防产品的可选种类偏少，且消防产品具有功能单一、操作复杂、救援能力差等缺陷，致使家庭火灾不能得到及时、有效的解决，因此导致火灾悲剧不断发生。加之现在家庭装饰材料易燃，大功率电器负荷加重，天然气泄漏等众多火灾隐患，且居民住宅多为高层建筑，结构复杂，一旦发生家庭火灾，外界消防救援工作实施难度巨大，自救逃生措施更是难上加难。所以，家庭火灾救援是当下社会环境所面临的棘手问题，不容小觑，针对居民住宅环境的智能灭火产品的设计和研究至关重要，有助于保护人们的生命和财产安全。

6.1.2　设计目的与意义

目前，我国对家庭消防产品的设计研究关注力度不够，相关部门对消防系统的研究仅注重在灾害管理体制层面；居民的消防观念较弱，且80％以上的家庭没有配备消防产品，因此希望凭借对家庭消防设备的研究，强化人们的家庭消防意识，并针对居民家庭环境设计一款家用智能灭火产品。

目前家用消防设备市场萧条，可供选择的产品种类较少，且市场上家用灭火器存在一定的缺陷，种类较少，功能单一，不能监测火灾的发生；操作复杂，需经练习才能掌握；存放隐秘，应急情况下不能及时找到；故障检测困难，设备存放时间长，无法判断是否发生损坏等。所以，家用灭火器设计需改进，需设计出在应急状态下能满足受灾人群需求的产品。

研究表明火灾初期即火灾发生15分钟内，火源面积相对较小，是扑灭火灾的最佳时机。研制一种能随时监测住宅环境中的温度、烟雾等指数波动，来鉴定火灾是否发生，一旦确定发生火灾，就能及时报警且能自动灭火的家用消防产品特别重要。

随着信息技术、智能交互、互联网技术的发展，生活产品日趋智能化。本设计运用"互联网＋"创新思维，将传统灭火器与新型互联网有机结合，设计一款家用智能灭火机器人，可实时监控火灾隐情，并能及时扑灭火灾。

6.1.3　灭火机器人的发展现状

综观国际消防科技的发展历程，发达国家的消防科研体系比较完善，消防设备科学技术更是遥遥领先，尤其在消防灭火机器人的设计研究方面成就显著。美国和俄罗斯是率先开始研究灭火机器人的国家，后继有英国、日本、德国等发达国家的加入，共同促进国际消防科研技术的创新发展。国际消防机器人的研究发展划分为三个阶段：第一阶段是程序控制灭火机器人，第二阶段是感觉功能的灭火机器人，第三阶段是智能灭火机器人。第一和第二阶段的研究成果已投入使用，第三阶段的智能灭火机器人仍处于研发阶段。

日本人对机器人的研究在国际上占有一席之地，他们研究的机器人广泛应用于消防、医疗、餐饮服务等多个领域，其消防机器人设计研究占据重要地位。21 世纪在电子信息技术、传感器、互联网等高科技的感染下，2005 年，日本 Sohgo 安全服务公司研发出一款名为"GuardroboD1"的安防机器人，如图 6-1 所示，可用于居民小区、超市、银行等场所的巡逻工作，发现有灾情时，利用手臂灭火设备高效灭火，保护人们的人身安全。

美国是最早开始研究机器人的国家，且涉及多种行业领域，成果极其显著，其中研发出来的著名消防机器人有 AndrosF6A 消防机器人，如图 6-2 所示，它具备强大的灾情侦查和救援能力，致力于协助消防员准确掌握灾情；Packbot 消防机器人，如图 6-3 所示，移动速度达 14 km/h，可搭载机械手和消防炮等消防设备进行户外场所救灾。

图 6-1　GuardroboD1 安防机器人　　　　图 6-2　AndrosF6A 消防机器人

德国马格德堡-施滕达尔大学在 2008 年研发了一款仿生消防机器人——OLE 甲虫奥勒机器人（见图 6-4），它主要运用于森林大空间环境，利用红外线传感器精确监测火灾发生，及时发送准确定位给就近消防站，针对微弱火源可以自行灭火。

我国的消防产业起步于 20 世纪 60 年代初期，经过几十年的潜心研究，消防技术取得较大成效。历经多年的科学研究，我国消防设备的研制技术愈加成熟，并在火灾消防实战中取得卓越成效。但目前消防机器人的研究仍然存在一些不足，消防机器人体形重大，应用的火灾环境有限，只能用于外界救援，很可能错失最佳灭火时期。随着居民住宅的高楼化，家庭火灾救援是当今面临的重大难题。设计研发一种可应用于家庭小环境，智能感应周围环境，火灾发生初期及时自主灭火的家用小型消防产品非常必要。

图 6-3　Packbot 消防机器人

图 6-4　德国 OLE 甲虫奥勒机器人

6.2　交互设计理论与灭火机器人综述

6.2.1　交互设计理论

1. 交互设计定义

交互设计是一门诞生于 1984 年的学科，由比尔·莫格里奇提出。交互设计致力于人与产品和谐有效的互动，使人能够快捷、高效地完成任务，且在与产品互动的过程中能够获得愉悦的体验。

狭义的交互设计是指计算机系统中的人机界面设计，或称为用户界面设计，属于计算机系统学科中出现较晚的新分支。广义的交互设计是研究人、机器（产品）、环境系统之间的交流互动，采用适宜软、硬件的交互模式，相互协作完成特定的任务，交互设计过程既探究人的行为认知和心理感受，也分析交互系统中涉及的人机工程学、认知心理学、人类学等问题。本章研究的交互指的是广义交互设计。

世界经济的快速发展，促使高端科学技术日新月异，如电子信息、互联网、人工智能和新媒体等技术，与此同时人机交互技术的研究持续创新，形成了一种融合多方面知识的交叉性学科（见图 6-5），包括人机工程学、认知心理学、产品语义学、感性工学、社会学等学科。

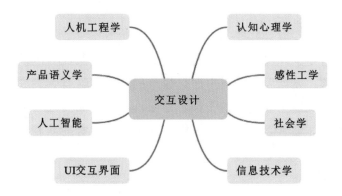

图 6-5　人机交互融合的学科领域

2. 交互设计要素

交互设计是用户与产品自然、友好、高效互动的桥梁，其致力于创建高科技技术与人类之间和谐共处的关系。从用户的角度来看，行之有效的交互过程是一次舒畅、愉悦、完美的用户体验，且每个完善的人机交互系统都含有基本的组成要素。

辛向阳教授指出一个完整的交互系统由人、动作（有意识的行为）、工具（或媒介）、目的和场景等五个基本要素组成。

（1）人：即交互系统中的主体——用户。人机交互系统服务于用户，致力于为用户营造一种合理、有效的互动体验流程。在交互设计的过程中，应全面关注用户的日常习性、心理特征、行为认知等，继而充分挖掘用户潜在的需求，高效提升用户体验度。

（2）动作：一般为有意识的行为，指用户与产品交流互动时人的操作行为和产品的反馈行为，即人、产品、环境间的互动。区别于传统理念的造物设计，交互设计的重点在于行为设计，如体感游戏机的交互设计重点关注于人与机器间交流互动的动作行为，意在营造良好的用户体验。

（3）工具（或媒介）：交互系统中人与外界产生交流互动的物理载体，这里主要是指产品，可能是实体产品，也可能是虚拟产品，还可能是外在的环境介质，如空气、光照强度等。工具在人机互动中起着重要的作用。

（4）目的：指用户、产品、环境之间相互协作完成一项特定的任务，达到相应的效果。例如，用户预先在家中使用滴滴打车软件，快捷预约车辆，目的就是在有限的时间内快速、准时地打车，能够及时到达目的地。

（5）场景：交互系统中用户与产品间交互行为发生时所在外界的物质和非物质场景。物质场景指人使用产品时周围可视化的介质相互融合而成的情景，如交流空间、物品摆放、照明条件等。非物质场景指交互发生时周边实时存在可感受到的动态社会情景，如排队取票时，周围人、事物与环境交杂的社会实况。

3. 交互设计目标

为人们设计有用、好用、想用的产品是交互设计的最终目的。交互设计致力于满足消费者的需求，设计出契合用户理想模型的产品，这样用户在操作产品时，能够安全、高效、愉悦地完成特定的任务，还可以从与产品交流互动的过程中获得丰富、有趣、畅快的体验感。理论上，人机交互设计的目标有两种，即可用性目标和用户体验目标。

(1) 可用性目标。

关于"可用性"的概念，研究专家概括为两方面的内容，即有用性和易用性。可用性目标能够合理地改善和提升用户与产品交流互动的模式，给用户带来满意、愉快的体验。可用性是从产品功效设计方面来衡量交互系统，相较于用户体验而言，其反映的是用户使用产品后的主观感受，其评价的角度较为直接。

有用性是从产品性能的角度分析，主要表现为产品的本质属性——功能实用、安全高效。产品功能是产品本身的必要特性，能够协助用户顺利、有效地完成特定的任务，达到用户预期的目标，充分反映产品实质性的使用价值，证明产品是有用的、安全的和高效的。

易用性是指用户使用产品时，产品性能可靠、易于掌握、操作简单快捷，能够顺畅、高效地完成特定目标任务。易用性的目的在于消除产品与用户间交流互动的认知摩擦，进而用户操作产品时可以游刃有余，享受与产品交流的体验过程。

(2) 用户体验目标。

用户体验目标表现为用户"想用"层面，表明产品所具有精湛的技术、特有的物质性能和优美的形态能够扣人心弦、引人入胜，使人渴望多次使用产品。用户体验是人的行为、情感、认知参与产品交流互动的过程中所获得的主观感受。

随着经济水平的提高，人们的物质生活日益丰富，产品的本质属性功能和外观等已经不能完全满足用户的心理需求，此时需要特别关注产品的用户体验，产品的物质特性需要由初级向高级过渡提升。设计者需要从感官体验、情感体验、行为体验、思维体验等层面研究和分析产品的用户体验。

目前，研究者依据用户体验的深度将其分为三个阶段。第一个阶段为潜意识体验，即用户与产品交流的过程中大量信息连续不断地刺激人的大脑，用户凭借本能的意识感知体验的发生。第二个阶段是完美体验，用户在与产品默契配合下高效、顺利地完成任务，此后，用户在心理上获得愉悦、舒畅、乐趣和满足等体验感。第三个阶段为反思体验，用户在使用完产品后从心理上对产品的认同度。用户体验是用户与设计者之间沟通的桥梁，体验过程中人对物质产生的心理情感充分反映了产品的特性价值，有助于设计者更好地提升产品的操作体验。

（3）可用性目标与用户体验目标之间的关系。

可用性目标是从产品的客观物质属性方面评判产品的价值，有用、易用性证实产品实用、安全、高效的特点；用户体验目标是消费者对产品本质属性的使用反馈，表明产品好用、有趣、高效等特性。可用性是产品的本质属性，好的用户体验则是产品价值的升华，产品如果不能为用户所用，则是无稽之谈。相反，如果产品没有好的用户体验，将会是一个平淡无奇、枯燥无味的产品，不会受大众喜爱。

可用性目标和用户体验目标之间相互影响、互相协调，共同体现产品本身的价值。不同功能特性的交互产品中这两种目标所占的比重不同，如娱乐、游戏型的产品需要更多地体现产品的趣味性、情感性等；应用型的产品需要侧重于产品的功能性、安全性等功效层面。

6.2.2　智能灭火器概述

1. 智能灭火器概念

1816 年，英国人乔治·威廉·曼比发明了一个能够装清水并充有压缩空气的圆桶，即为早期的灭火器雏形。1834 年曼比对灭火器进行改进创新设计，发明了世界上首个手提式压缩气体灭火器，是一个长约两英尺（1 英尺＝0.3048 米），能够装 7升碳酸钾溶液及压缩气体的铜罐，与现代的灭火器大致相同。

灭火器是一种能够扑灭火源的消防设备，内部装有化学物质灭火剂，适用于火灾发生初期。异于常规的家庭产品，灭火器本身存在一定的安全问题，其生产工艺要求高精度、高标准，且涉及物理学、化学、材料学等知识。近些年，随着互联网、大数据、云计算等高新技术的发展，国家提出了"互联网＋"的发展理念，旨在将互联网与传统行业相结合，创造出便捷、舒适的生活方式。结合互联网发展背景，对传统灭火器进行创新设计，设计一款家用智能灭火机器人，使互联网技术与灭火器深度融合，有效改良传统灭火器缺陷，并增加新的智能监测、自动灭火等功能，使其高效、快捷地灭火，更好地服务于人们的生活。

智能灭火器是"互联网＋传统灭火器"的创新设计产品，能够实时监测室内火灾隐情，发现火源并及时报警，能自动扑灭火灾，有效减轻火灾造成的危害。其运用的技术有智能感应、图像识别、多点触控、无线连接等，新、旧技术的交叉融合使灭火器更便捷、智能和安全，能够给用户带来安全、高效的体验。智能灭火器与传统灭火器的技术对比如图 6-6 所示。

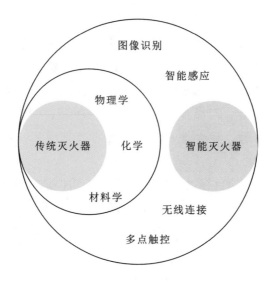

图 6-6　智能灭火器与传统灭火器的技术对比

2. 智能灭火器的交互设计

依据交互设计理论对家用智能灭火器进行研究分析，其交互系统主要由用户、灭火行为、智能灭火器、灭火任务及室内火灾环境等要素组成，且本研究中涉及的设计部分有软件交互和硬件交互。软件交互是用户与操作界面和移动应用界面间的互动，硬件交互是用户与智能灭火器和手机间的互动，如图 6-7 所示。软、硬件相结合的交互方式，能够充分协调用户的听觉、视觉、触觉等感官通道，使用户与智能灭火器间的交流互动更为流畅、便捷、安全，互动过程中用户能够获得超越物质之外的成功、愉悦的情感体验。

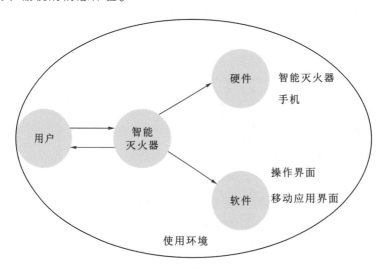

图 6-7　智能灭火器软硬件交互

不同功能类型的交互式产品设计时遵循的原则不尽相同。智能灭火器产品开发过程中运用到多层面的理论知识和交互技术，且设计时应遵从多种针对性交互设计原则，并将这些原则运用到产品设计开发的各个阶段，致力于设计出易用、好用、想用的智能灭火机器人。

依据交互设计基本原则的归纳总结，提出了适用于智能灭火机器人的针对性设计原则：应急性原则、易用性原则、安全性原则等，进而对智能灭火机器人的设计实践进行全方位指导。

6.3 家用灭火机器人设计相关研究

6.3.1　家用灭火器现状分析

1. 家用灭火器种类

当前国内市场灭火器的种类相对较少，按照操作方式分类，可分为手提式灭火器、推车式灭火器、背负式灭火器、手抛式灭火器和悬挂式灭火器等。手提式灭火器体型较小，便于操作，是室内小空间环境的首要选择。

手提式灭火器根据灭火剂的成分可以分为清水灭火器、泡沫灭火器、干粉灭火器和二氧化碳灭火器等，不同属性的灭火剂针对不同的火灾类型。家庭火灾类型根据物质和燃烧特性分为以下几种。

A 类火灾：指固体物质火灾，如木材、棉、毛、麻、纸张等燃烧的火灾。

B 类火灾：指液体火灾或可熔化固体火灾，如汽油、煤油、柴油、甲醇、乙醚、石蜡等燃烧的火灾。

C 类火灾：指气体火灾，如煤气、甲烷、丙烷、乙炔、氢气等燃烧的火灾。

D 类火灾：指金属火灾，如钾、钠、镁、钛等燃烧的火灾。

E 类火灾（带电火灾）：指物体带电燃烧的火灾。

（1）市场现有家用灭火器分析。

① 清水灭火器中充装的灭火剂为清水，其灭火的原理是运用清水的本质特性，即物理标准状态下清水黏度相对较低，易于流动；热稳定性较高，耐热性极强；单位体积内质量比重大，分子间具有强大引力。水火交融之时，水分子利用本身的物理特性能够大范围急速汽化、蒸发，进而隔绝周围氧气，降低温度，且水分子与火源之间进行剧烈热交换运动，加强冷却窒息火源效用，达到高效灭火的目的。清水

灭火器适用于扑灭 A 类火灾。

② 泡沫灭火器是通过碳酸氢钠和浓硫酸两种化学物质结合反应所产生的泡沫来灭火的。泡沫灭火器由于其灭火剂的特殊性，其内部的结构与其他类型的灭火器有区别。其主瓶体中装有一个内瓶胆，为了更好地隔离两种化学物质，主瓶体内装有碳酸氢钠液体，内瓶胆存储浓硫酸。当火灾发生时，需要将灭火器倒立放置，使两种液体充分混合，发生强烈的化学反应并产生灭火气体二氧化碳，这样才能够有效扑灭火灾。灭火的原理是二氧化碳泡沫遮盖燃烧物，致使其隔绝外界空气，并快速降温进行灭火，其适用于扑灭 A 类和 B 类火灾。泡沫灭火器由于其灭火剂不能发生剧烈晃动，具有一定的危险性，进而存放环境有限，应妥善保管。

③ 干粉灭火器是家用灭火器中使用最为普遍的一种，其内部装有干燥的纤细微粒状无机盐、化学添加剂等混合而成的固体粉末。灭火器巧妙运用体内二氧化碳气体压强动力将灭火剂喷出，扑灭火灾。其灭火剂稳定性高，易于储存，适合家庭环境，且适用于扑救 A、B、C、D 类火灾。家庭手提式灭火器的质量相对较轻，其内灭火剂的含量一般为 $1\sim4$ kg 不等。

④ 二氧化碳灭火器内充有液态二氧化碳，其是在气体状态下高压、低温液化而成。其灭火的原理与泡沫灭火器类似，运用灭火剂物理属性进行灭火，而液态的二氧化碳灭火时遇高温迅速汽化，降低周边温度，有效冷却火源发生物质，高效灭火。它适用于 B、C、E 类火灾，常配置于机房、变电所、实验室等高要求维护场所。

（2）家用灭火器创新设计分析。

上述几种灭火器是目前市场上最为常见的类型，其造型统一，区别在于体内充装的灭火剂。由于灭火器产品本身的特殊性，其加工生产都需严格按照国家相应标准，确保生产设备的安全性。针对目前市场上家用灭火器种类较少、造型古板、功能单一、操作复杂等情况，很多设计师纷纷对灭火器进行改良设计。图 6-8 就是一款由国外设计师改良的家用灭火器，主要针对的痛点是：传统灭火器质量笨重，单手操作较为吃力，不适合老人、儿童等用户使用；传统灭火器软管长度较短，灭火过程中容易受到伤害。对于传统灭火器存在的缺陷，新型移动灭火器的创新设计完全颠覆了其传统形象，造型由简单的简体转换成车轮状，且外围设计有两个滚轮，可以自由移动，操作方便、不费力；灭火的软管改造成可以伸缩的灭火喷头，便于调节其长度，有效避免了人体受到伤害。

Ramifire 灭火器（见图 6-9）是国内新锐设计师熊涛所设计的一款新型智能灭火器，它的最大特点是当火灾发生时，能够利用手机配套软件快速准确地找到灭火器所在的位置，避免火灾突发状态下难以找到灭火器的现象发生。同时灭火器内装有火灾检测器，可以在火灾早期及时传达火警信号，能够高效地将火灾扑灭于萌芽时期，减轻火灾造成的严重伤害。

图 6-8　改良后可单手操作的灭火器

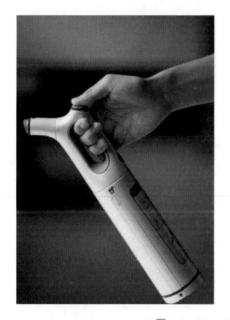 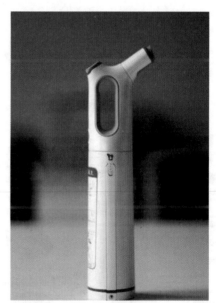

图 6-9　Ramifire 智能灭火器

　　源于灭火器本质的特殊性，其安全存储设计也相当重要。图 6-10 是由 Sora Kim 和 Eunsol Lee 两位设计师设计的消防战士灭火器，其造型设计类似于一个棒球棒，同时运用了不倒翁技术原理，可以选择挂式储藏，也可以放置室内安全环境内。其外观设计轻盈，移动轻巧，方便操作，火灾发生时可喷射雾状灭火剂扑灭火灾。图 6-11 是 Jonathan Bigot 设计的一款可以镶嵌在墙上的简约灭火器，其外观设计类似于家庭清洁器，有别于普通灭火器冰冷呆板的造型，它给人一种亲近感。这款家用灭火器操作简单，可单手使用，设计更为人性化，有助于释放用户操作压力。

图 6-10　棒球棒造型灭火器

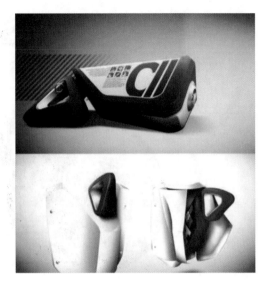

图 6-11　简约灭火器

2. 家用灭火器技术

家用手提式灭火器整体结构简洁，属于高精度产品，其配件主要由筒体、器头阀门（阀门）、上下压把、喷射软管、压力指示表等构成。灭火器结构组成如图 6-12 所示。

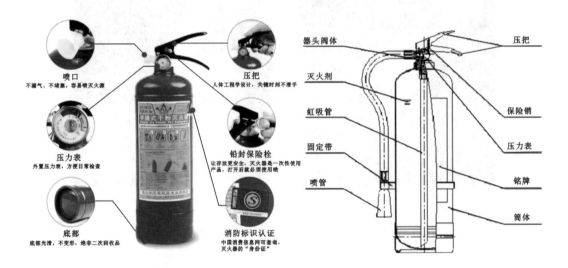

图 6-12　灭火器结构组成

灭火器的每个配件都应严格按照国家规定设计，合理安全生产。筒体所采用的材料应具备极强的抗压能力，且筒体与其衔接部件之间的应力必须协调，防止应力聚集造成安全问题，还应满足筒体壁厚不小于 0.7 mm。筒体的材料若选用不锈钢系列，应首选奥氏体不锈钢，且其含碳比例不得低于 0.03%，筒壁厚最低为

0.64 mm；若选铝金属作为制作材料，则筒体结构需配置无缝设计，其壁厚需满足国家 GB 4351.1—2005S 设计标准。

器头是介于筒体和压把之间的构件，包括保险装置、启动装置、安全装置、密封装置、卸压装置等，主要作用是安全释放灭火器内的气压，能够使灭火剂在气压驱动下喷出，其强度设计可以承受筒体内气压的最大值。器头中所涉及部件的螺纹设计只有不小于 4 牙，才能够保持组件结构之间的稳定性。

喷射软管是灭火剂从筒体内喷出时所要经过的管道，其长度设计规范至少为 400 mm，且材质属性应阻燃、耐高温等。软管与其连接的部件必须承受爆破压强最小值不得小于在 15～25 ℃工作状态下压力最大值的 3 倍，以及在 58～62 ℃工作状态下压力最大值的 2 倍。

压力指示表是贮压式灭火器所特有的配置，其主要作用是显示筒体内正常状态下的温度与压力之间的关系，其最大量程是灭火器常态工作下所承受压力值的 1.5～2.5 倍。压力表上红、绿、黄三个色块范围之间的宽度值应在 0.6～1.0 mm，其三色块区域所代表的是：指针位于红色区域就表示灭火器内压力过小，需重新装配；指针位于绿色区域表示处于正常状态；指针位于黄色区域表示压力过大，存在危险，需要重新装配。

3. 家用灭火器现存问题

通过对市场现有灭火器种类、本质特性和技术等分析，可以总结出现有灭火器存在的主要缺陷如下。

(1) 灭火器总体造型单一，千篇一律，不同面积的建筑空间配备的灭火器统一为筒体结构设计，只是区别于筒体的体积大小，对火灾情景缺乏针对性设计。

(2) 灭火器操作复杂，使用方法指示不够明确，在火灾紧急的情况下用户无法快速明确操作方式，以至于错过最佳灭火时期。

(3) 灭火器是家庭必备消防产品，但日常使用频率较低，对于长时间放置的灭火器，不能够从外观上直接得知其灭火剂的剂量以及功能是否损坏等情况。

(4) 火灾发生初期，灭火器缺乏对火情判断的功能，无法及时发出警报信息，造成小灾酿成大灾。

(5) 家用灭火器总体质量偏重，需双手操作，单手用户及老年人使用较为困难，且灭火器软管结构和长度的设计欠佳，致使用户使用过程中易对身体造成伤害。

家用灭火器现存问题的总结对灭火器的创新设计有指导性作用，有助于设计出更为人性化的家庭灭火产品。

6.3.2　家庭火灾分析

1. 家庭火灾诱因

据调查研究显示：2017 年家庭火灾发生的主要原因有电气故障（占比 33.60%）、用火不慎（占比 20.30%）、吸烟（占比 6.90%）、儿童玩火（占比 3.20%）等因素。

（1）电气故障：大功率电器的种类和数量日益增多，相应带来一定的安全隐患，且电气故障是造成家庭火灾的首要原因。大功率电器的频繁使用、使用电器的方法不当、电器本身的质量问题、电气线路损坏、电气配置不达标、电器上灰尘积累、忘记切断电源和电器受潮短路等因素都会造成火灾的发生。

（2）用火不慎：现代家庭都配置有液化气、天然气或煤气等生活用气，做饭过程的疏忽大意，极易引起火灾；煤气阀门松动、天然气管道损坏等原因致使易燃气体泄漏，遇明火会造成重大火灾事故；在室内使用蚊香、蜡烛等也易引发火灾。

（3）吸烟：躺在床上或沙发上吸烟、烟头处理不当、酒后吸烟等不良的吸烟行为都会导致家庭火灾事故的发生。因烟头的表面温度在 200～300 ℃，其中心温度高达 600～800 ℃，远超过被褥、床单、沙发等的燃点温度。

（4）儿童玩火：儿童由于缺乏消防安全常识，不清楚火灾的危害性，在玩火过程中极易引发火灾。

2. 家庭火灾特征

产品的使用环境特征对用户的操作行为和心理反应起着决定性作用，且影响用户操作产品的效率和正确率等，因此家庭火灾环境特征的研究对智能灭火机器人的设计实践有着重要的指导作用。家庭火灾特征主要有以下几点。

（1）突发性：家庭火灾的发生具有极强的突发性，人们不能够预测何时何地发生火灾，且火灾在小空间范围内蔓延的速度很快，当人们发觉时，火灾燃烧猛烈，扑救较难。外界环境突发火灾，使人们心理反应异常惶恐，难以做出理智的行为活动，极易出现操作灭火器失误的现象。

（2）易燃性：家庭环境中放置多种木料家具、纤维制品和纺织品等，且装饰中使用了大量木材、纤维制品和高分子材料等易燃性物质，致使室内可燃物增多且火灾荷载加大，一旦突发火灾，火源燃烧剧烈，急速蔓延，就会造成严重的家庭危害。

（3）难觉察：家庭火灾的突然发生，致使人们难以及时发觉火情，不知所措，难以做出正确的反应。夜间 22 时至次日凌晨 6 时发生家庭火灾的比例高达 45.6%，因为此时间段内的人们处于休息状态，难以觉察火灾的发生，极易造成人员伤亡。

（4）难扑救：家庭火灾发生的 15 min 内为初级阶段，此时是扑救火灾的最好时期。如果火灾初期不能及时扑灭火源，火源则会迅速蔓延酿成重大事故。室内空间相对较小，较为封闭，且易燃物较多，燃烧时产生大量烟雾，严重阻碍扑救行动的实施，而且现代家庭住宅多为高层建筑，救援设备有限，救援工作更为困难。

以上是家庭火灾的主要特征，根据火灾特征的归纳总结对家用智能灭火机器人的功能需求做出相应的设计指导，使其能够高效、快捷地发觉火源并及时将其扑灭。

3. 家庭火灾危害

家庭火灾的突然发生，造成室内可燃物猛烈燃烧，产生大量的烟雾、毒气和火焰等，致使空气环境极为恶劣，给人体健康造成极大伤害，且生命危害主要来源于缺氧、毒气、烟雾和高温。

（1）缺氧窒息：正常情况下，人体吸入的空气含氧量约为 20%，然而室内可燃物的燃烧消耗大量的氧气且释放出多种毒性气体和烟雾等物质，极易导致人体因缺氧昏厥而窒息死亡。研究表明，当空气中氧气含量达到 6%～16% 时，会出现呼吸急促、行动缓慢、意识混乱甚至晕厥等现象。空气中的低含氧量对人体的影响如表 6-1 所示。

表 6-1　空气中的低含氧量对人体的影响

空气中的氧气含量/（%）	对人体的影响
12～16	呼吸急促，心跳加快，头晕
12～14	身体虚脱，判断力下降
6～10	痉挛，意识混乱，6～8 分钟死亡
6 以下	5 分钟致死

（2）毒气危害：居民住宅内放置有木质家具、装饰材料和生活用品等多种可燃物，主要含有木材、纤维制品、纺织品、高分子材料等成分，多种材料的混合燃烧会释放大量毒气，如一氧化碳、二氧化硫等。人体内的血红蛋白对一氧化碳的吸附力为氧气的 210 倍，两者结合形成碳氧血红蛋白，极力阻碍氧气的进入，造成人体缺氧窒息而死。

（3）烟雾危害：家庭火灾可燃物质在燃烧释放毒气的同时也形成大量的烟雾。烟雾蔓延的速度是火焰的 5 倍，在室内以 0.3～0.8 m/s 的速度扩散，大量的烟雾遮挡人们的视线，且对人眼造成剧烈刺激，阻碍了人们自救逃生。烟雾中附带有众多碳化粉尘、细微颗粒和毒气等，进入人体后会堵塞鼻腔和呼吸道，导致肺部无法正常呼吸而死亡。

（4）高温危害：人体生存的极限温度是 116 ℃，若环境温度高于此温度，则机体就会出现不良反应，血压降低，毛细血管破裂，血液循环受阻，甚至出现脑神经破坏而猝死的症状。室内发生火灾时，由于空间相对狭小，环境温度可达 1000 ℃ 左右，极易造成人体皮肤严重灼伤，出现生命危险。

6.3.3 受灾人群用户特征分析

1. 心理特征

人的心理是个体受到外界环境刺激后，大脑中枢神经系统所产生的主观反应。人脑遭受不同程度的外界刺激时，机体随之产生的心理现象截然不同，因而致使人们的行为反应及处理问题的方式大不相同。

当人们身处危急的火灾环境中时，心理状态不容乐观，极易产生紧张的现象，且心理状态的变化直接影响大脑处理信息的能力。如图 6-13 所示，适度紧张的心理状态有助于提升机体处理信息的能力，激发人体的最大潜能，然而环境的恶劣性变化加剧人心理紧张的状态，致使人脑处理信息的能力持续降低，从而削弱人体本能的行为反应。

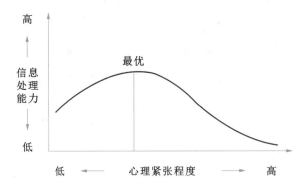

图 6-13　信息处理能力与心理紧张程度关系图

人们在毫无戒备的状态下遭受突如其来的火灾，且受到外界环境中烟雾、毒气等刺激性物质的威胁，此时人的心理反应是惊慌、恐惧和不安，从而引发大脑反应迟钝，人体活动机能下降，并做出相应的下意识行为进行自我保护。

研究表明，当人们遭遇恶劣性火灾时，受灾人员的心理特征不尽相同，主要的心理活动有两种：一种是内心惶恐、不知所措；另一种是心态积极、镇定自若。

2. 行为特征

人的行为是在受外界环境刺激和心理反应的影响下，大脑思维支配机体所产生适应环境的相应活动。外界环境的变化对人的心理反应和行为活动有决定性作用。不同性质的环境刺激使人体产生的本能行为反应大不相同。通常状态下，个体认知思维合理，会有相应理智的行为产生。在应急状态下，人脑处理信息的能力急速下降，极易出现机体行为反应失误的现象。

人们遭遇火灾突发的危急状况时，从发现火灾到做出反应的时间极短，为 5～10 秒的时间，如图 6-14 所示，外界信息强烈刺激人大脑的中枢神经系统，人的心理反应异常紧张、惶恐，导致思维混乱，肢体直接越过 SP 思维体系进行行为反应。此时受心理反应的影响，机体短时间产生下意识的应急自救行为活动，如灭火行为、逃生行为、避难行为等。

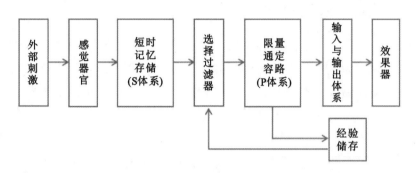

图 6-14　火灾中人的信息处理模型

（1）灭火行为：火灾的突然发生，机体做出的第一反应是设法扑救火灾，下意识急速寻找就近能够扑灭火灾的设备。如果家中配备有灭火器等消防产品，及时灭火，则可以有效降低火灾造成的损失。然而若是人们的消防意识薄弱，没有及时采取灭火措施，火势无法得到控制，这时机体的下意识行为就是迅速逃生自救。火灾初期的灭火行为是火灾自救措施中最为有效的方法，然而极少家庭配备有消防灭火等产品，不得已只能采取其他方式。

（2）逃生行为：火灾发生初期火势较弱，但通常人们难以觉察，且火焰蔓延速度极快，为此人们很容易错过灭火的最佳时期。当人们意识到火灾发生时，再进行火灾施救已为时已晚，此时室内环境烟雾弥漫、火焰冲天，迫使人们产生逃生自救行为。主要的逃生方式是快速寻找安全出口，通过建筑内的消防电梯、防烟楼梯等设施逃离火灾现场；火势凶猛，无法安全逃离室内时，受灾人员可以利用家庭配置的逃生缓降器、安全绳等逃生设备通过阳台、窗户等渠道逃生自救。人们在逃生过程中内心惶恐，极易采取极端行为，造成不可避免的人员伤亡。

（3）避难行为：在火灾应急自救逃生的过程中，人体感官受到外界烟雾、毒气等刺激性物质的严重威胁，致使大脑意识紊乱，心里异常恐慌，人体机能衰弱，且人们的消防知识淡薄，不知如何是好，此时心里产生逃生无望的意念，本能的肢体反应是选择没有烟雾、火焰的安全区域进行灾难躲避，等待外界消防救援人员的到来。然而应急躲避行为是火灾逃生措施中最不可取的自救方式，因为火焰蔓延速度极快，且火灾中产生的毒气很容易造成人窒息而亡。调查显示，火灾中人员伤亡的 70% 是由于毒气或缺氧窒息造成的。

6.4 用户需求调研与分析

6.4.1 确定目标用户群体

目标用户群体作为产品的服务对象，是人机交互系统设计的重要探讨因素，因此确定目标用户群体是产品设计流程中必不可少的环节。通过研究目标用户群体的心理特征及行为习惯等，充分掌握用户的心理需求，设计者可以更为准确地把控产品设计定位，顺利设计出能够满足用户心理需求的产品。

近些年随着居家养老的老年人口的增多，发生家庭火灾的事件呈上升趋势。老年人日常生活中会因记忆减退而忘记及时关掉厨房里的燃气或电气产品，从而引发火灾。针对这种现状，我们选定本产品研究的主要目标用户群体为城市居家养老的老年人。

6.4.2 用户定量研究

1. 调研目的

产品目标用户研究的方法有很多，主要研究方法有定性和定量研究。定性研究方法较为感性，以目标用户的实际情况为出发点，通过用户访谈等方式进行研究，精准挖掘用户的潜在需求；定量研究是以数据统计的形式直观地展示影响产品设计的相关因素，进一步帮助设计者了解目标用户，有利于设计者准确判定产品定位。定性和定量研究方法相互补充，充分发挥产品设计前期调研的作用。

本课题调研采用调查问卷定量研究和用户访谈定性研究相结合的研究方法。定性和定量研究运用感性和理性交叉融合的方法，取长补短，充分发挥产品设计前期调研的作用。首先运用问卷调查对用户家庭火灾应急避险认知的调研，进而了解居民用户对家庭火灾、消防知识及消防产品的认知情况；再对具有代表性的用户进行深层次的用户访谈，掌握用户对智能产品的了解情况及操作方式，侧面引导用户对智能灭火机器人的实际需求，并充分挖掘目标用户对智能灭火机器人的心理需求。最后对调研数据进行分析总结，使其能够对智能灭火机器人的设计进行方向指导，从而准确把握智能灭火机器人的功能、造型等设计要素。

2. 调研内容

在确定家用智能灭火机器人的目标用户群体后，对用户群体制定针对性的调查问卷，充分了解群体的基本特征。调查问卷根据目标用户群体的性别、年龄、居住环境等基本信息要素，从住宅居民对消防常识的了解、现有家用灭火器存在的缺点及家庭突发火灾时老年人的行为反应和心理认知等层面进行研究，通过多层面的研究分析，掌握老年人对传统灭火器的认知、操作习惯及灭火器功能缺陷等问题。

3. 数据采集

源于智能灭火机器人的使用环境为居民家庭，目标用户群体为家庭核心人员，为保证采集数据的可靠性和准确性，为此选择实地调研的方法。调研的地点为武汉某小区，主要研究对象为小区内 50~80 岁的居民。本次调查问卷共发放 160 份，收回 138 份，其中有效问卷为 126 份。最终对有效问卷的数据进行统计分析，结果如下。

（1）目标用户基本情况。

本次调研用户中男性占比 54%，女性占比 46%，比例基本均衡，且调查对象的家庭结构主要为老年夫妻、独居老人等家庭。

（2）现代家庭住宅的居住环境。

本次调研统计结果显示，家庭住宅普遍是偏高层的商品房，其中高层住宅（11~30 层）的家庭高达 43.6%，小高层（7~10 层）和超高层的家庭住宅（30 层以上）分别占 25.7% 和 18.80%。虽然这只是调查居民住宅的局部情况，但可以反映出现代居民住宅的普遍现象。调查结果显示商品房配备的公共消防栓占比 85.6%，但大多数居民不知道如何使用公共消防栓。由调研结果可知现代居民住宅多为高层建筑，一旦发生家庭火灾，外界消防救援活动难以实施，高层自救逃生更是难上加难，因而居民配备家庭消防产品相当重要。

（3）目标用户的家庭火灾认知。

① 家庭火灾发生时的行为反应。家庭成员遭遇突发性火灾的第一行为反应各不相同（见图 6-15），其中 46.82% 的人第一反应是及时灭火，降低伤害，男性占 33.33%，女性占 13.49%，这时灭火器就显得尤为重要；22.22% 的人表示发现火灾时第一时间通知家人，其中男性占 11.9%，女性占 10.32%；20.63% 人的人表示受火灾的激烈刺激，潜意识的机体反应是逃生自救，远离灾害，其中女性占 16.67%，男性占 3.96%；10.32% 的人第一反应是报警求助，等待外界的救援，其中 3.97% 为男性，6.35% 为女性。从数据调研分析可知，当家庭人员遭受突发性火灾时潜意识的行为反应是及时灭火，尽量降低火灾造成的伤害，这时的关键因素就是家庭灭火产品的配备。

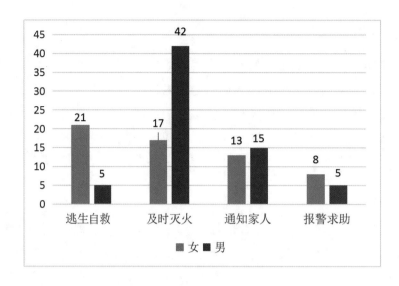

图 6-15 火灾发生时行为反应

② 家庭消防产品的配备状况：调研情况显示（见图 6-16），仅有 5.20％的家庭配备齐全的消防产品，没有配备消防产品的家庭高达 68.70％，10.40％的家庭配备一两种消防产品，更为严峻的是 15.70％的家庭不知道应该配备什么样的消防产品。据此得知，现代家庭成员的消防知识极为薄弱，没有防患于未然的意识。

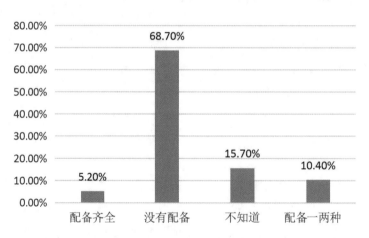

图 6-16 家庭消防产品配备情况

③ 消防常识的了解情况：居民对消防知识的掌握情况分为不太清楚、大概了解、非常清楚三个等级。大多数居民的消防知识较为薄弱，对消防知识的掌握处于大概了解的阶段，由此可知现代家庭成员消防知识的掌握情况不容乐观，是导致家庭火灾发生的主要原因之一。

（4）目标用户对灭火器现状的反应。

① 家用灭火器存在的缺陷：根据目前家用灭火器存在缺陷的调研数据可知（见图 6-17），89.70％的用户认为家庭手提式灭火器过于笨重，不适合长久单手操作，

其中女性用户占 67.20％，男性占 22.50％；78.60％的居民反映家庭突发火灾时，难于及时找到灭火器，错过灭火最佳时期；69.80％的人认为现在没有经过消防训练，应急状态下难以正确操作灭火器；56.40％的用户认为传统灭火器的外观机械呆笨，不适合放置在家庭环境中。

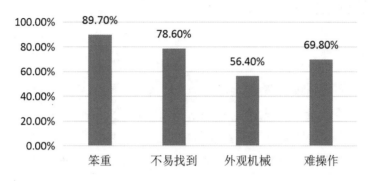

图 6-17　灭火器存在的缺点分析

②选择灭火器时的影响因素：调研数据显示（见图 6-18），居民在购置灭火器时，91.20％的用户最关注的是灭火器的安全问题；54.70％的用户认为灭火器造型的美观性会影响用户的选择；45.60％的用户注重灭火器辨识度的问题；用户对灭火器的多功能关注度相对较低。

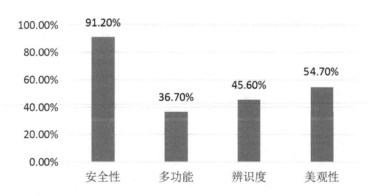

图 6-18　灭火器选择的影响因素

4. 问卷结果分析

通过对目标用户群体的初步问卷调查的数据归纳分析可知，现代家庭成员的消防意识较为薄弱，随着社会人口密度的增大，有约 43.6％的家庭住宅环境为高层建筑，然而高达 68.7％的家庭没有配备消防产品，一旦家庭突发火灾，难以在火灾初期扑灭火源，极易引发重大火灾事故，且高层建筑外界救援活动难以实施，自救逃生更是难上加难，此种情景下人体的生命安全极易受到外界环境的伤害。

上述情况分析表明，灭火器的正确使用对家庭火灾造成的危害有很大的影响，且调研数据显示，用户选择家用灭火器最为关心的问题是灭火器的安全性。因此对传统灭火器的创新设计在满足其基本功能的前提下，应着重考虑灭火器的安全性。智能灭火器设计的主要目标是为人们带来安全愉悦的用户体验。

6.4.3　用户定性研究

1. 访谈内容

通过对调查问卷结果的归纳总结，对现代居民住宅的环境、家庭成员对消防知识的了解、灭火器的使用情况等层面有了局部的了解，进而对目标用户的行为特征、现有灭火器存在的不足和未来家用智能灭火器各层面的需求进行深度探究，为此在武汉某小区选择了30户家庭成员进行访谈，访谈对象的选择来源于前期定义的典型目标用户群体。为了更充分地了解他们对智能灭火机器人的需求，我们顺便对这些有老人的家庭成员（含20岁以上）也进行了访谈。访谈问题主要是围绕课题研究相关内容进行展开，主要包含以下几个方面。

（1）家庭成员对消防知识的了解及获取信息的途径。
（2）家庭用户对传统灭火器的认知及存在的缺点。
（3）家庭成员对现有智能产品的认知及使用体验。
（4）家庭成员对家用智能灭火机器人的期望和要求。

2. 访谈结果分析

用户访谈结果分析如表6-2所示。

表6-2　用户访谈结果分析

用户类型	成长型（20～30岁）	主力型（30～50岁）	拉拢型（50岁以上）
特点	高学历，年轻，有活力和好奇心，思想前卫	成熟，稳重，追求生活质量，压力大	传统，保守，健忘，对新事物接受慢
生活习惯	生活简单、节奏快、朝九晚五	住房稳定，家庭结构复杂，室内杂物较多，上班族，生活节奏快	退休，生活悠闲，活动范围小，经常待在家中
对灭火器的认知	了解较少，很少接触，不知道如何使用；造型机械、呆笨	家庭备有，有所了解，不会使用；体形笨重，不方便操作	有所了解，很少使用；体形笨重，难操作，灭火容易受伤

用户类型	成长型（20~30 岁）	主力型（30~50 岁）	拉拢型（50 岁以上）
消防常识	几乎不了解，偶尔从手机新闻了解一点	了解较少，主要通过电视、手机、新闻等了解	了解一点，主要通过电视、报纸、收音机广播等新闻了解
对智能产品的认知	接触较多，喜欢新产品，学习快，有较深研究，操作熟练	接触多，经常使用，操作熟练	了解少，学习慢，会简单点击、滑动等操作
对智能灭火器的需求	好奇，想了解，智能操控	监测火情，火灾报警，自动灭火，远程操控	监测火情，火灾报警，自动灭火

通过用户访谈结果可知以下几点。

（1）目标用户对消防常识的掌握和了解都比较少，处于被动学习状态，主要获取消防知识的途径是新闻报道；发生家庭火灾时，男性的反应为及时灭火，女性多数为逃生自救。

（2）80％家庭没有配备灭火器，而配备的家庭会放到阳台或杂物间等地方，因与家庭装饰环境不协调；女性用户反应家用灭火器体形笨重，应急状态下，操作难度大。

（3）灭火器长时间放置，缺乏定期质量检测，导致灭火剂失效或某些功能损坏，以至于火灾发生时灭火器不能发挥其作用，酿成重大灾害。

（4）老年用户对智能产品了解较少，只会简单地点击、滑动等操作。

（5）受访的目标用户群体对智能灭火机器人的主要功能需求是监测火情、智能灭火，操作方式应简单、易懂，能够实现"一键灭火"，且用户更注重灭火器的安全问题。

6.4.4　用户角色模型建立

在调研分析中，通过问卷调查和用户访谈等方法，对目标用户的心理感受和行为特征有了初步的了解，并得出相关的结论。为了能够更加全面、深入地探究用户群体的潜在需求，利用用户角色法构建相应情景故事，有助于充分挖掘用户在实际火灾情景中的心理反应及行为表现。用户角色法以精确描述用户的典型特征为核心，通过描述假想用户的具体特征和期望来更好地解读用户需求。

本研究建立一个典型的目标用户角色模型（见表 6-3），由此反应此类人群共有的行为特征，通过对特定人群的分析研究，期望挖掘更多目标用户群体在相应情景下的潜在需求，有效指导后期家庭智能灭火机器人的设计。

表 6-3　用户角色模型

李女士 年龄：62 岁 学历：高中 职业：退休 家庭结构：空巢夫妻	爱好：烹饪、手工制品、散步 性格：和蔼可亲、乐观开朗 生活状态：已退休，和老伴一起生活，喜欢做饭；闲暇时间和邻居聊天、散步；由于年龄原因，有点健忘；传统，对新事物接受能力差

情景故事：

李阿姨年过 60，退休在家，和老伴一起生活。儿子已经结婚，在外工作，周末有时间就回去看望父母，比较有孝心。由于年纪大，李阿姨时常忘记一些事情。闲暇时间和姐妹们一起散步、聊天。李阿姨平时喜欢做一些简单的手工，最近特别沉迷于十字绣，准备给儿子绣一个万马奔腾图。某天下午，李阿姨的老伴外出散步，李阿姨一人在家绣十字绣，绣了一段时间李阿姨口渴，起身准备去喝水，发现保温瓶中没有热水，于是就打开煤气灶烧水，转身继续去客厅绣十字绣。李阿姨沉迷于十字绣中，早已忘记厨房在烧水，过了很久之后，她闻到一股东西被烧焦的味道，这时才猛然想起厨房在烧水。而此时煤气灶旁边的东西已经起火，李阿姨见此现状后，惊慌失措，不知如何是好，慌乱中急寻灭火器，紧急状态下难以操作灭火器，此时火势越来越猛。见此状李阿姨慌忙跑出去向邻居呼叫求助，邻居赶来帮忙将火源扑灭，才得以逃过一劫。

通过对用户角色模型的设计及情景故事的描述，能够充分了解用户遭遇火灾时的心理反应和行为特征，并发掘突发火灾时受灾群体的真实潜在需求，印证了消防产品在火灾应急情景中的迫切需求。

(1) 能够监测火灾进行报警。

(2) 火灾紧急情况下，用户无需学习灭火器，操控简单，方便大多数人群使用。

(3) 通过灭火器造型、色彩、放置方式等特征的设计，使用户在火灾应急状态下能迅速找到灭火器。

6.4.5　用户需求分析

1. 用户需求整理

(1) 问卷调查。

通过问卷调查可初步了解现在家庭成员对消防知识和家庭火灾的认知，以及灭火器使用过程中存在的相应问题，并对问题进行研究分析，转化为用户需求，便于问题解决。

① 通过调研了解到现在空巢老人的比例高达 50% 左右，研究报告显示，住宅火

灾中老年人的死亡率高达 57.8%，主要原因就是空巢老人单独生活，面对家庭火灾应急自救较为困难。

问题 1：老年人身体状况不佳，对家庭火灾发觉和处理能力较差。

需求转化：提供能够实时监测火情，及时报警提醒用户，并具有自动灭火功能的灭火器。

② 调研结果显示现在居民消防意识薄弱，且家庭没有配备灭火产品的比例高达 68.7%。

问题 2：居民消防意识薄弱，对家庭火灾的预防和处理等不知所措。

需求转化：随时提醒用户警惕家庭火灾，并随时查阅消防知识。

③ 家用灭火器的外观呆滞、体形笨重、应急情况下难以操作等原因造成家用灭火器配置率较低。

问题 3：家用灭火器外观呆滞、体形笨重，操作不方便。

需求转化：改善外观，融合家庭装饰环境；提供简单、易懂、符合用户习惯的操作方式，如傻瓜式"一键灭火"。

(2) 用户访谈。

① 通过访谈发现，家庭突发火灾时男性的反应行为为灭火，女性多为逃生自救，这与女性的性格直接相关，且多数女性用户表示不会使用灭火器灭火。

问题 1：发生家庭火灾时男性反应为及时灭火，女性多为逃生自救，且多数女性不会使用灭火器。

需求转化：改善灭火器操作方式，做到简单、易用，能够为不同性别的用户使用。

② 68.7%家庭没有配备灭火产品，而配备的家庭为了保持室内环境的美观，通常将它放在不显眼的地方，且女性反应家用灭火器体形笨重，应急状态下操作难度大。

问题 2：灭火器存放位置不定，发生火灾难于快速找到；灭火器体形笨重，不能单手操作。

需求转化：改善灭火器造型，能够融合家庭环境，成为装饰品；对灭火器体形改善，减重或可以移动。

③ 老年群体对新事物接受较慢，只会简单点击、滑动等操作。

问题 3：老年群体对智能产品了解相对较少。

需求转化：智能灭火机器人操作方式简单、易懂，可以使不同群体的用户正常使用。

④ 灭火器长时间放置，缺乏检测，导致灭火剂失效或压强减小，以至于火灾发生时灭火器不能发挥其作用，酿成重大灾害。

问题 4：灭火器长久放置，缺乏监测，易发生损坏，但难被用户发觉。

需求转化：提供自检系统，且能够智能提醒用户内部压强是否正常。

2. 确定用户需求

通过上文的研究分析，对目标用户的需求进行归纳总结，主要从监测需求、提醒需求、智能灭火需求、个性化需求等层面进行总结。为了便于后期对家用智能灭火机器人功能设计实践的实施，对不同层次的需求进行权重划分，如表 6-4 所示。

表 6-4 用户需求总结

需求类型	需求内容	权重划分
监测需求	监测室内烟雾、温度、CO 等数据参数变化，鉴别火灾发生	权重较高
提醒需求	灭火器内压强数据的变化提醒；发觉火灾自动提醒；相关数据变化自动提醒；提醒随时查看消防常识	权重高
智能灭火需求	人不在室内，监测出火灾，自动灭火，远程操控灭火	权重较高
个性化需求	智能灭火器的安全性、美观性、装饰性；能够实现远程监控	权重高

6.5 家用灭火机器人交互设计研究

6.5.1 家用灭火机器人 UCD 交互设计方法

UCD（user-centered design）即以用户为中心的交互设计方法，从用户的视角解读产品交互设计。在交互产品设计流程中，充分掌握目标用户的认知心理和行为特征，进而有助于探究目标用户在相应情境中的基本需求和任务目标；以用户为中心的设计理念贯穿产品设计的整个过程，致力于充分获取用户的生活习性和心理需求，进而设计出贴近用户行为习惯的自然交互方式，更能满足用户的实际需求。

在不断发展的人机交互面前，人们大部分时间是处于相对和谐、稳定的常规状态，由于人的误操作、环境突发变换、物自身的安全隐患等问题，都能使常规状态被打断。通过对用户的调查研究，获悉当周围环境发生突发性火灾时，人的精神状态受到惊吓，心理反应异常惊慌、恐惧和不安，致使人脑注意力分散，反应迟钝，且人体机能下降，进而激发人体本能的保护行为。此时，人们的第一反应是如何快速扑灭火灾。在这种突发性紧急情况下，人们不会有过多的时间思考消防产品的使用方法，而是拿来就能够直接操作。显然在这种紧急情况下，用户使用产品的思维模式为：拿取产品—短暂思考—直接操作。

　　通过对用户访谈得知，市面上现有灭火器的设计不能满足用户的实际需求，强烈要求改善现有灭火器的设计。

　　智能灭火机器人 UCD 设计方法在设计过程中始终围绕目标用户进行，致力于设计出贴近用户理想模型的产品，充分满足用户的心理需求。通过对家用智能灭火机器人目标用户调查研究分析，并进行头脑风暴式创新设计，归纳总结出人们对智能灭火机器人的基本功能及潜在功能：基本功能有智能监测火情、及时报警、智能灭火、远程操控灭火、多点触控、温/湿度等空气指数监测；潜在功能有智能语音、自身功效检测、自主巡逻、自行充电、家庭安防、摄像监控等。

6.5.2　家用灭火机器人交互系统分析

1. 家用灭火机器人交互系统

　　根据交互设计要素的理论概念分析研究，得出家用智能灭火机器人交互系统的组成，即受灾人群、操作行为、家用智能灭火机器人、任务目标、使用环境，如图 6-19 所示。通过对家用智能灭火机器人交互系统组成要素的分析及相互之间关系的综合研究，有助于设计出满足用户心理需求，适用于实际情景的人机和谐互动的智能灭火机器人。

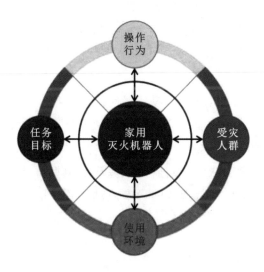

图 6-19　智能灭火机器人交互系统

（1）受灾人群。

　　受灾人群是智能灭火机器人交互系统的核心研究要素，是整个交互系统的操控者及灭火机器人的最终服务对象。运用以用户为中心（UCD）的设计方法对受灾人群展开全面的调查研究，充分掌握这一特殊群体在火灾情景中的生理需求、心理反应、行为和情感变化特征等。通过对目标用户的分析研究，能够挖掘实际情景中用户的真实需求，从而有针对性地对家用智能灭火机器人进行设计研究，有助于设计出契合用户行为的好用、易用产品。

（2）操作行为。

操作行为是指火灾场景中用户与灭火机器人的交互行为，以及智能灭火机器人发出的相应反馈行为。用户与智能灭火机器人之间的行为反应是一个双向交流、互相影响的过程。根据对受灾人群的调查研究，归纳总结出目标用户的日常行为习惯，充分挖掘紧急情景中用户机体的下意识行为，有助于设计出符合用户习惯的自然交互行为，使用户在火灾应急场景中能够有效操控灭火器，以达到顺利灭火的效果。

（3）家用智能灭火机器人。

家用智能灭火机器人是交互系统的主体部分，围绕交互设计的创新理念，运用信息时代的高新技术，智能引导用户的灭火行为，进行合理的人机交互活动。在危急的火灾场景中，智能灭火机器人接收到灭火的指令后，及时反馈给用户并进行智能灭火。智能灭火机器人与受灾人群间的交流协作，带给用户一种强烈的安全感，更是一种情感的交流，能有效缓解紧急状况下人们紧张、慌乱的情绪。

（4）任务目标。

任务目标是指在特定的场景影响下，目标用户协同相应功能的产品，共同完成一项特定的任务，且能够达到预期效果。家庭火灾事故突发时，受灾人群的情绪异于常态，心理反应异常慌乱，此时做出的下意识行为是寻找消防产品，及时扑灭火源。

（5）使用环境。

每款产品都有特定的使用环境，应根据使用环境特征有针对性地设计产品所具有的功能。智能灭火机器人的使用环境相对于常态环境较为复杂多变，且突发性的家庭火灾环境对用户的心理反应和行为特征有着严重的影响。智能灭火机器人能够与其周围的环境进行信息交流，自动监测家庭环境中烟雾浓度、有毒气体、室内温度等的变化，及时发觉环境空气指数的异常波动，并采取报警等相关急救措施，实时确保家庭环境的安全。

2. 家用灭火器交互技术

在物联网、人工智能等信息技术的推动、支持下，智能灭火机器人所具有的监测火情、智能报警、智能灭火、摄像监控、智能语音、远程操控等主要功能得以实现。其工作状态的维持依靠内部多种硬件和软件结构模块的协同作用，且含有的主要人机交互技术有多点触控交互技术、智能语音交互技术和智能感知交互技术。

（1）多点触控交互技术。

苹果智能手机的设计研发是多点触控技术发展的一个重要里程碑。多点触控技术能够记录同时发生的多点触控信息，更加贴近日常生活中人们自然操控物质时的行为习惯，用户常用的交互手势有点击、滑动、拖动、旋转等，如图 6-20 所示。智能灭火机器人的触控板在多点触控技术的支持下，用户能够通过手指触控与灭火机器人进行有效的交流互动，且发现火情后能够及时向灭火机器人传达智能灭火的指令，灭火机器人收到指令后通过语音给用户一种肯定的答复。

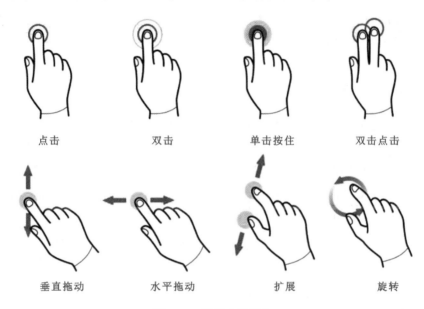

点击　　　双击　　　单击按住　　双击点击

垂直拖动　　水平拖动　　扩展　　旋转

图 6-20　常用交互手势

（2）智能语音交互技术。

智能语音交互技术包括语音识别和语音合成两方面。语音识别就是通过处理器将用户的语音转化成机器字符；语音合成则是将字符信息通过 TTS 云端转化为用户可以理解的语音，如图 6-21 所示。这样就可以达到人与机器之间的自然语音交流效果。在危急的火灾情景下，受外界环境的影响，受灾人群的机体难易接受大脑的合理支配，无法正常操控消防产品，但通过与智能灭火机器人的语音交流，轻松指挥智能灭火机器人灭火，且与智能灭火机器人的情感交流过程能够无形中带给受灾人群一种极大的安全感和心理安慰。

（3）智能感知交互技术。

智能感知技术的硬件元素是传感器，能够实时

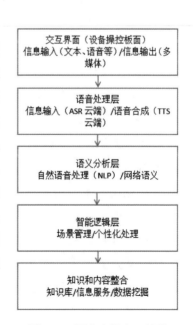

图 6-21　语音人机交互过程

监测并收集周围环境的相关信息，将收集的信息整理并录入系统，通过处理器的分析，以信息的方式反馈给用户。由于灭火器放置环境的特殊性，内部设置了多种混合传感器模版，如烟雾、毒性气体、温度、湿度等空气监测混合传感器，能够实时监测环境中空气指数的异常波动，及时反馈给用户；红外线传感器和超声波组合，可以实现智能灭火机器人行走过程中实时测距和避障功能，协助智能灭火机器人正常运转；压力传感器和称重传感器主要用于获取智能灭火机器人中压强和灭火剂重量的数据，将监测结果反馈给用户，确保智能灭火机器人处于正常运行状态。

6.5.3 家用智能灭火机器人的交互方式

1. 感官多通道的交互方式

在物联网和人工智能等新一代信息技术推动下，智能服务的经济时代悄然而至，人们的生活方式发生了前所未有的改变，人们与现代产品交流互动的方式有了巨大改善。人们无需学习适应产品，而是巧用自然的行为方式与产品交流，现代的产品更是演变为人们情感的一种寄托。单一感官交互的产品已不能满足人们的生活习性和心理需求，多种感官和行为通道交叉协作的智能产品才能更受用户欢迎。

在人机交互领域，通道就是指人们的感觉，即视觉、听觉、触觉、嗅觉、味觉等。多通道交互是指人们与产品信息交流过程中运用两种或两种以上通道的交互方式，多种感官通道协同合作，共同发挥其交互功能，有助于用户快速获取外界环境信息，有效提高用户与产品交流互动的自然性，交互过程能够让用户获得愉悦、舒畅的体验感。

为了能够使人们第一时间知晓火情并能够简便、快捷地指挥智能灭火机器人扑灭火源，针对受灾人群的心理反应和行为特征，智能灭火机器人的交互功能设计充分利用用户视觉、触觉、听觉等多感官协同合作、相互补充的特点，设计火灾场景中切合用户应急行为的多通道交互模式。图 6-22 为智能灭火机器人多通道交互系统示意图。

家庭火灾初期的现象人们难以觉察，因此错过灭火的最佳时期，以至于酿成难以挽救的重大家庭火灾事故。智能灭火机器人能够灵敏、高效地实时监测家庭环境中烟雾、毒性气体、温度等空气指数的异常波动，及时发觉火灾隐情，并以声光控的报警装置通知家庭人员。人们通过听觉、视觉等感官接收智能灭火机器人火灾报警信号，通过触觉交互通道点击触控板，一键触发灭火指令；灭火器接收到灭火信号做出强有力的肯定语音答复，且用户利用智能语音功能高效指挥智能灭火机器人快速、精准地靠近火源并及时灭火。人机协同灭火过程充分利用用户感官通道和智能灭火机器人之间多通道交互模式的互补性，有助于人机自然、和谐的交流，并有效提升灭火的效率。

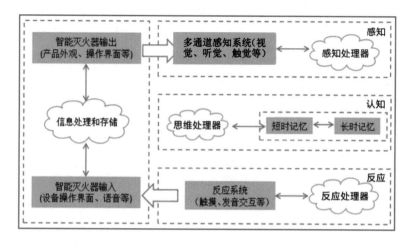

图 6-22　智能灭火机器人多通道交互系统示意图

2. 行为认知的交互方式

设计在传统意义上理解为造物，即对物的设计。智能时代下交互设计是针对"行为"的设计，物是作为行为实现的媒介。现阶段人们对产品设计的需求不只是停留在功能层面，而是更关注用户体验感。智能产品用户体验的直接影响因素就是人与产品交互的行为方式的设计。交互行为层面的设计是智能产品设计成功与否的关键性决定因素。

行为是指目的性明确的机体活动，是环境与个体相互作用的结果。从行为产生的动机层面分析，人的行为可分为有意识行为和无意识行为两类。有意识行为产生于常规状态，受大脑理性思维的控制，具有积极性和主动性；无意识行为常发生于应急状态，不受大脑控制，是一种出于机体本能行为的自然反应。家庭火灾危急情景中，受灾人群所采取的本能保护反应活动属于无意识行为。人的反应行为主导了产品交互方式，是产品设计成功的关键。

火灾发生时，智能灭火机器人能够监测到火情，并以声光控的报警装置告知家庭成员，且用户通过简易操控灭火机器人下达灭火指令。在操控智能灭火机器人触控板的过程中，触控板的交互方式为引导式设计，即理性引导用户的每一步指令，急速启动，寻找火源。在其行进过程中，为减少用户过多的肢体行为活动，交互方式采用语音对话的交流形式指挥智能灭火机器人前进，能够高效提升智能灭火机器人行进的速度，快速精准地找到火源并及时灭火。人机自然合作的过程，能够让用户感受到如同有人与其并肩作战扑灭火灾，有效消除人们紧张、慌乱的情绪。

3. 情感体验的交互方式

交流是人与人之间自然、亲切沟通的一种方式，更是对他人一种情感的表达。

随着生活质量的提高，人们对产品的需求不再满足于基本的属性，而更加侧重于与产品间的情感交流。在智能信息时代的背景下，越来越多的设计者开始关注人机之间情感交流的方式。而且，随着信息交互和人工智能等高新技术的不断发展，情感交互成为信息时代人机交互的主要发展趋势。

当家庭遭遇突发性火灾时，受外界环境突然变化的影响，人们的心理极度惊慌、恐惧，致使反应迟钝，不知所措，且有严重的从众心理，极易听取他人建议，此时人的内心情感急切需要积极正确的引导和鼓励，然而传统的消防灭火器只侧重灭火功能的设计，不能在情感上给予人们关心和帮助。为此智能灭火机器人的设计应尽可能在情感层面给予人们鼓励和安抚，适度缓解人们惶恐不安的心理情绪，合理引导用户在危急情况下采取理智的行为反应措施。

在现代智能交互技术推进下，人与产品间的情感互动可以通过语音、表情、手势、肢体语言等交流方式。本款智能灭火机器人设计主要采取与用户语音交流的方式进行情感互动。智能灭火机器人的情感交互，即为智能灭火机器人与受灾用户间情感和信息的交流互动，在满足智能灭火机器人基本功能的前提下，采用智能语音技术赋予智能灭火机器人以生命力，能够通过语音交流方式安抚、鼓励受灾人群，并通过语音合理引导用户及时采取简单、有效的紧急保护措施。用户与智能灭火机器人间的语音交流，让身处危难之中的用户得到充分的心理安慰和精神鼓励，于用户而言更是一种情感的寄托，就如同一个真实的消防员在身边保护自己。

家用智能灭火机器人的设计主要强调多维度交互方式的协调配合，快速实现高效、安全的灭火目的。通过多通道感官交互和行为交互的设计，有效促进用户与智能灭火机器人情感层次的交流互动。智能灭火机器人多模态交互方式的整合设计充分调动了用户的多通道感官，使用户获得良好的体验。

6.5.4　家用灭火机器人交互设计原则

1. 应急性设计原则

上文通过对受灾人群的生理需求、心理反应和行为特征等调查研究，进而对家用智能灭火机器人的交互设计原则进行合理的归纳总结，充分利用这些原则指导智能灭火机器人多维度的交互方式和系统结构的设计研究。

家用智能灭火机器人的使用环境状态有别于常规产品，因为家庭火灾的发生具有突发性、不稳定性和极强的危害性，用户的心理状态受外界突发环境的影响，难以正常操作消防产品，为此智能灭火机器人的应急性设计至关重要。给灭火机器人设计应急性火情智能监测模块，在火灾发生后，它能利用烟雾、CO 有毒气体、温度等混合灵敏传感器，先于用户发觉火情并发出报警信号。

在火灾危急情景中，受灾人群心理极度紧张、惶恐，难以正确操控灭火机器人灭火，极易出现失误的现象。为此，智能灭火机器人触控板界面交互流程的设计应尽可能简单、易懂，且能够正确引导用户使用，减少操作失误，节约操控时间，争取及时有效灭火。为减少用户的行为操作，智能灭火机器人设计可以采用多通道交互模式，充分调动用户各种感官系统协同配合，通过语音交流指挥灭火机器人及时扑灭火灾。多维度交互流程充分体现了灭火机器人的应急性设计原则。

2. 易用性设计原则

易用性即为产品操作简单、便捷，易为用户所用，是产品交互设计的重要切入点。易用性要求产品使用范围广泛，无需用户过多学习、适应，且无论何种群体用户，是否存在性别、年龄、文化水平等差异，都能使用。好用、易用、想用的产品就是符合用户理想模型的产品。

智能灭火机器人的交互设计操作要确保不同性别、不同年龄、不同生活环境，甚至消防意识淡薄、没有受过专业训练的使用人群也能够通过简单、便捷的交互流程，正确、快速地操控智能灭火机器人。

触控板的界面设计要直观、简洁、清晰，有效凸显界面中主要功能信息，且运用引导式的人机交互模式，正确、合理地引导用户进行流程操作，无需用户过多思考，有效减少用户的认识负荷，避免操作失误的现象，充分提高用户使用智能灭火机器人的效率。在智能灭火机器人运行的过程中，可以采用符合用户习惯的自然性的智能语音交互模式，协助智能灭火机器人快速寻找火源并及时扑灭火灾。

3. 安全性设计原则

产品的安全性问题是设计考虑的重要元素之一，只有在确保产品自身安全的前提下，产品的其他各种功能才能正常运行。根据对目标用户的调查研究显示，智能灭火机器人的安全性设计是用户首要关注的问题，因此安全性设计原则是智能灭火机器人人机交互设计必须遵守的基本设计原则。

智能灭火机器人本身异于常规日常使用产品，因智能灭火机器人使用频率较低，长期放置，智能灭火机器人简体内的气体压强容易发生变化，欠压状态不能正常使用，强压状态下智能灭火机器人极易出现爆炸，为此智能灭火机器人自身也存在一定的安全隐患问题。针对智能灭火机器人气压失常、疏于发觉的问题，家用智能灭火机器人设计实时监测压强数据的传感器，即气压传感器，它能够实时采集智能灭火机器人压强数据并传输到中央处理器，处理器经过无线传输模块输出数据，并由触控板显示压力值，同时传送到与智能灭火机器人相关联的移动 APP，提醒用户智能灭火机器人压强存在安全隐患，应及时采取相应措施确保智能灭火机器人安全。

智能灭火机器人在正常运行过程中，如果出现突发系统故障或遇障碍物倾倒的现象时，能够自动断电并关闭系统。针对这种问题，智能灭火机器人应设计系统自检功能，当其受到外力巨大的撞击或避障系统发生问题时能够自动切断电源。由于智能灭火机器人是家用电器设备，应避免长时间工作，以免产生电器故障，因此应设计可以自动控制其间歇性工作状态的功能，确保工作状态安全进行。针对智能灭火机器人使用环境的特殊性，其装饰结构材料应采用强力防火、阻燃的材料。

6.6 家用灭火机器人设计实践

根据实践调研并结合社会、经济、技术等方面要素分析，梳理归纳了家用智能灭火机器人的设计主要影响因素，并提取设计关键的切入点，进行家用智能灭火机器人的设计研究，如图 6-23 所示。

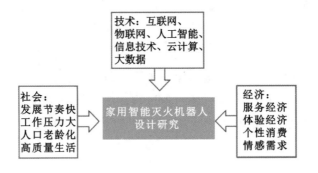

图 6-23 设计背景分析

6.6.1 设计定位

根据交互产品的设计流程，对家用智能灭火机器人设计过程进行整理归纳，可将智能灭火机器人的设计流程划分为五个步骤，即设计背景分析、设计定位、设计要点整合、方案设计、方案执行如图 6-24 所示。其中，设计定位主要是确定智能灭火机器人的目标用户群体和产品所具有的基本功能。

1. 目标用户定位

对家用智能灭火机器人设计背景研究分析后，首先要确定产品的目标用户人群。通过问卷调查的实践调研方法对用户群体进行系统分析研究，进而确定了家用智能灭火机器人的目标用户人群，即为家庭主要成员，年龄主要分布在 50 岁以上，且有一定的产品认知能力，确保用户能够准确操控智能灭火机器人。

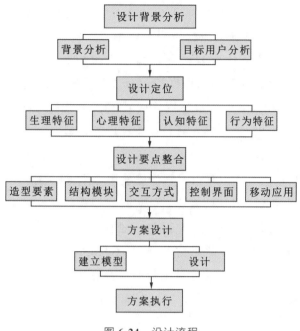

图 6-24　设计流程

2. 功能定位

通过调查问卷的实践调研明确了设计产品的目标用户群体，继而运用用户访谈的方法深度挖掘目标用户的心理需求，并有效结合受灾人群生理特征、心理反应及行为特性等研究调查结果，充分掌握目标用户多层面的特征信息，进而有针对性地合理设计家用智能灭火机器人的基本功能。

结合对目前灭火器现状的调查及家庭火灾发生的原因等多方面综合性分析，继而针对性地设计出家用智能灭火机器人的功能模块，高效实现应急情况下的人机互动。

（1）数据显示功能：正常情况下，智能触控板显示传感器采集的室内空气指数，用户可随时查看室内空气质量的变化。

（2）压力提醒：压力传感器实时监测智能灭火机器人体内气体的压强状况，压强出现异常状况时通过声音和 LED 等及时提醒用户，防止灭火器压强异常造成危险状况。

（3）智能监测火灾：通过混合传感器感知室内环境中温度、烟雾浓度、CO 毒性气体等指数的异常波动，先于用户及早发觉初期火灾，有效减轻火灾的危害。

（4）声光报警：智能灭火机器人监测到突发火灾后，通过智能报警系统及时通知家庭成员，确保人员的生命安全。

（5）智能灭火：确定有火灾发生后，根据云台摄像机和红外线提供的火源定位，利用智能开关开启灭火机器人实施扑灭火灾任务。智能灭火机器人可以实现全自动和半自动两种交互方式，尽可能简便、快捷地帮助用户扑灭火灾。

（6）语音互动：智能灭火机器人灭火过程中，用户可通过语音与其交流互动，且灭火机器人会通过语音的方式告知用户采取相应的自我保护措施。

（7）远程操控：监测到火灾发生后，智能灭火机器人将信息传输到用户移动APP上，可实现不在现场的用户远程操控，有效了解家庭火灾现状，可随时随地通过APP操控智能灭火机器人，掌握室内实时状况，确保室内安全。

传统家用灭火器异于常规产品，只有在火灾应急情景下才会被使用，因而处于长久的放置状态，在使用时不易及时找到。家用智能灭火机器人革新了传统灭火器的功能，设计附加期望功能，可作为常规日常产品使用，关键应急时刻也能及时发挥作用。

家用智能灭火机器人的附加期望功能可实时监控室内安全状况，发现可疑事物可自动拍照并无线传输到家庭用户移动端，用户也可通过手机APP随时查看室内状况，兼顾家庭安全防护的功能。智能灭火机器人还可以监测室内环境的温度、湿度、PM2.5等环境指数，空气质量超标会有相应的语音提醒，用户也可以通过智能灭火机器人的触控面板查看室内空气的质量，并可以查看相关的信息模块建议。

6.6.2 智能灭火机器人交互系统设计

1. 造型设计

根据设计背景和设计定位的研究分析，确定了家用智能灭火机器人的目标用户群体及主要功能，继而对智能灭火机器人系统进行详细设计，包括智能灭火机器人的造型设计、色彩选择、材料选择、结构模块设计、交互方式和界面设计等。

产品造型是向用户传递产品信息的重要因素，且产品造型设计是工程技术与设计艺术相融合的过程，是产品功能属性的价值体现，因而造型设计于产品设计流程而言至关重要。调查显示，家庭配备灭火器的状况不容乐观，其中重要原因是用户认为灭火器整体造型设计千篇一律且相对呆板、机械化，放置室内比较突兀，不能和谐地融合于家庭装饰环境。智能灭火机器人的造型意在改善其不足之处。

智能灭火机器人的功能对其造型有决定性作用，且灭火机器人造型应能承载其所具有的功能。由上文设计定位可知，其功能相对较多，因此对其造型要求较高。分析研究传统灭火器的形态，吸取其优点，并结合智能灭火机器人的多种功能合理设计其造型结构。在满足其功能的前提下，智能灭火机器人造型能够融入周围环境，而且可以装饰家庭环境。

由于智能灭火机器人使用场景特殊，整体造型设计应简洁、大方，没有多余的修饰，应尽可能减少应急状态下造型对用户产生的困扰。外形结构应多采用比较柔和的线条和光滑的曲面，使其造型流畅、圆润，能够赋予更多人性化情感，给人一种安全感，减少操作时的慌乱和不安，应急状态下可以安抚和稳定用户的情绪。

2. 色彩选择

色彩是一种抽象化的语言，不仅可以装饰产品，更是对人情感的一种表达。色彩不但能够唤起各种情绪，还能带给人不同的感受。智能灭火机器人应用于火灾应急的情况下，此时用户心理紧张、慌乱，导致意识相对模糊。智能灭火机器人的颜色应选择对人的心理有提示和警示作用的色彩，应急情况下能够引起用户的注意，常规状态下又能提醒人们火灾安全的重要性。智能灭火机器人应与传统灭火器的颜色保持相对的一致性，要充分利用用户惯性意识，便于用户识别，即为红色。但整体的大红色又过于突兀，现代家庭装饰多采用纯净色调，简约、典雅，具有现代感，为使智能灭火机器人能够融合家庭装饰环境，色彩上选用清爽、纯洁的白色与警示性红色的合理搭配，使其整体简洁、优雅，显眼而又不突兀，符合现代人的审美意识。

3. 材质选择

每种产品都有其特定的使用环境，不同的使用环境对其材质的属性要求不同，不同材料的质地给人带来的直观感受也不同，如钢、铜、铁等金属材质，给人一种坚硬、冰冷的压迫感，而塑料材质则给人一种光滑、轻盈的放松感。

智能灭火机器人的主要结构由外部壳体和内部筒体两部分组成。智能灭火机器人使用于家庭火灾场景中，因而其外部壳体材料应充分考虑其安全、环保等特性，且应具备阻燃、耐高温、防爆炸、耐磨、耐腐蚀、稳定性强等特性。除了具备基本的物理特性外，灭火器外部材质应选择轻盈、光滑、细腻的材料，给人一种居家的舒适感。其承装灭火剂的内部筒体与其他组织结构相连，承载灭火机器人所能实现的功能，灭火机器人的内筒体严格按照 GB 4351.1—2005 国家手提式灭火器设计规范的要求，采用不锈钢材料或铝材等作为内筒体材料，具有耐磨、防腐蚀、稳定性强等特性。

4. 结构模块设计

根据对智能灭火机器人目标用户需求的归纳分析，总结了产品所应具备的功能，并针对其功能进行相应的内部结构模块设计。构建产品的功能模块首先要考虑其能够满足用户多通道交互的需求，且能够精准识别用户的意图并予以及时的信息反馈。同时，应着重考虑各结构模块之间的连接，确保智能灭火机器人内部结构布局合理，实现其系统的最佳工作状态。根据智能灭火机器人的功能需求，其内部结构模块主要有触控板模块、中央处理器模块、压力处理模块、火灾监测模块、火焰识别定位模块、自动报警模块、无线传输模块、智能灭火模块、驱动模块、避障模块等（见表 6-5）。

表 6-5　智能灭火机器人内部结构模块及功能

模块组成	技术支撑	功能
触控板模块	电容式触控板、多点触控技术、手势识别	显示室内空气指数、压力指数，并提供人机交互的载体
中央处理器模块	DSP 数据融合、大数据分析、智能信息处理	处理传感器采集的压力、烟雾浓度、温度等数据信息，并无线传输给显示模块
压力处理模块	压力传感器、LED 灯	感应并采集筒体内的气体压强，出现异常通过 LED 灯及时提醒
火灾监测模块	烟雾传感器、温度传感器、CO 等毒性气体传感器	利用融合传感器采集并分析相关的数据，实时监测室内是否发生火灾
火焰识别定位模块	火焰传感器、CCD 云台摄像机、红外线测距传感器	根据拍摄图像精确识别火源，并及时精准定位火焰位置
自动报警模块	双声道声音系统、LED 灯	处理器传递火灾信号后，能够实现声光报警，及时将火灾信息通知室内人员
无线传输模块	HTTP 通信协议、WIFI 技术、4G 技术	数据系统将采集的室内空气信息通过无线传输模块传输给显示器及相关联的用户移动 PC 端
智能灭火模块	继电器、灭火系统	鉴定识别火灾后，中央处理器下达指令给继电器，继电器自动开启灭火器，准确地执行灭火任务
驱动模块	滚轮、万向轮、电路板、高效电动机	实现灭火过程中智能灭火机器人的正常移动
避障模块	红外线、超声波混合避障测距传感器	利用红外线和超声波混合传感器实现移动过程中精准测距避障，确保智能灭火机器人的安全行动

5. 交互方式及界面设计

（1）交互方式。

通过上文对家用智能灭火机器人主要功能的研究及其使用情景的分析，有针对性地设计了用户与智能灭火机器人的交互方式。由于智能灭火机器人中智能传感器感知范围的局限性，可把智能灭火机器人的启动方式分为全自动和半自动两种交互形式。

用户发现家中发生火灾时，奔向智能灭火机器人，及时操作触控板点击灭火按钮，根据跳转出的操作界面，准确选择发生火灾的地点，智能灭火机器人立即启动，根据系统算法的路径规划，精准、快速地到达火灾发生的具体方位，并根据其 CDD 智能摄像头精确扫描、跟踪，并定位火源的具体位置，驱动灭火装置实施有效的灭火任务。智能灭火机器人准确判断火势控制状况，并通过语音告知用户及时采取有效的自救措施，当火灾扑灭时，通过语音告知用户任务顺利完成。

当家中无人或用户处于夜间休息状态时，需把灭火机器人设置为自动巡逻模式，实时监测火灾的发生。当巡逻过程中，烟雾、温度等传感器监测到火情时，及时发出声光报警信号，且 CDD 摄像头准确扫描并定位火源位置，及时实施精准的灭火，同时通过无线网络把火灾信息传送于移动 APP 告知用户，可实现用户远程操控，及时掌控家中火灾状况。

常规状态下，用户可通过智能灭火机器人的操控界面实时查看家庭环境中空气状况，及时了解智能灭火机器人压力表反馈的信息，掌握智能灭火机器人是否处于正常工作状态。

（2）交互界面设计。

通过对智能灭火机器人使用情景的研究及其交互方式的设计探索，确定智能灭火机器人操作界面设计应简洁，能够使用户在危急的状况下快速、便捷地操作界面，及时下达灭火指令，有效缓解应急情景下用户紧张、压抑的情绪。

蓝色属于冷色系，能够使人冷静、理智地思考问题，有效缓解人们紧张情绪，减轻用户心理压力，为此智能灭火机器人的操作界面背景色宜选用冷色调的蓝色。

智能灭火机器人的操作面板信息主要包括功能按键和信息显示两部分，且操作面板的主要信息排布规划应满足一定的设计规范。

① 功能按键易用性设计规则。对操作面板按键触控区域设计相应的限制要求，不仅要考虑按键模块整体设计的美观性，还要考虑与按键接触区域的大小，确保用户能够精确地触控按键区域。

② 信息显示部分可读性设计规则。显示信息的可读性设计是信息传达的基本要求，根据相应情况设计其显示区域的大小，确保用户能够及时、准确地获取主要信息。

由以上信息规划设计，并根据智能灭火机器人控制面板形状，有效进行信息区域模块化排布设计。智能灭火机器人控制面板的信息显示主要分为提示信息和数值信息两部分，提示信息为次要部分，主要包括时间、WIFI 连接、电池电量等信息提示，所占区域较小，为此排布设计在版面最上部；数值信息为版面主要信息区域，是用户最为关心的部分，主要包括智能灭火机器人压力表信息，室内烟雾浓度、一氧化碳、温度、湿度等数值信息，为此设计排布在版面中心区域，且区域范围相对较大，利于聚焦用户的注意力，方便用户快速、准确地获取信息，设计效果如图 6-25 所示。功能按键图标部分位于版面最下部，主要有开关、童锁、定时、模式、灭火等，且当前命令按钮使用时为高亮显示，未使用的功能按钮以灰度显示，以示区分。其中灭火功能按钮为关键设计部分，又因其不经常使用，排布于版面最下方，当灭火按钮被触发时，会跳转出聚焦中心的灭火操作界面（见图 6-26），以示再次确认启动灭火，能够提醒用户是否启用此灭火功能按钮，具有避免失误操作

的提醒功能。智能灭火机器人操作面板简洁、合理，主要分为三个操作界面，火源
位置选择操控界面如图 6-27 所示。

图 6-25　数据信息界面

图 6-26　灭火操作界面

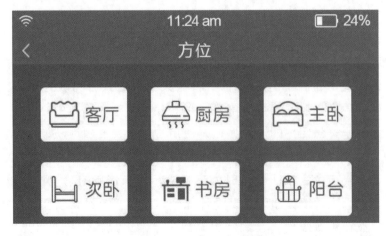

图 6-27　火源位置选择操控界面

6.6.3　智能灭火机器人设计方案

　　家用智能灭火机器人造型设计的关键创新点是打破传统灭火器造型，使其在家庭环境中不再是机械、呆笨、冰冷的灭火工具，拥有自己的角色。因此智能灭火机器人的造型设计应活泼、有趣、具有亲和力，使其更具人性化和情感化，能够拉近与用户的距离。智能灭火机器人应急状态下能够自动灭火，常规状态下能装饰室内的环境，能够与智能灭火机器人进行语音交流，查看近期室内空气指数。结合上文对智能灭火机器人设计要素的分析，对其造型进行创新设计，前期效果的设计草图如图 6-28 所示。

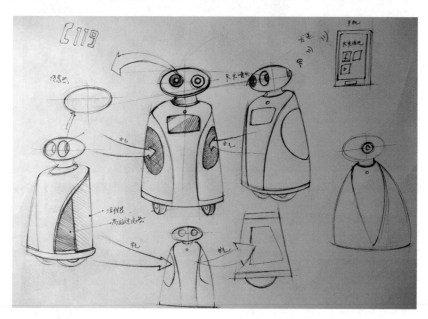

图 6-28　智能灭火机器人设计草图

　　传统灭火器的颜色采用醒目的红色，能够使用户快速发觉，智能灭火机器人的色彩采用红色和白色搭配的原则（见图 6-29），既能延续传统产品的特性，便于用户识别，又能使其更好地融入家庭装饰环境，同时也可根据家庭装饰环境自由搭配其他色彩，如图 6-30 所示。

图 6-29　不同角度智能灭火机器人展示图

图 6-30　智能灭火机器人家庭放置图

智能灭火器机器人的材质采用 ABS 聚合材料和 PS 聚碳酸酯的聚合物，其聚合物能够综合发挥两种材质的优点，且聚合物的热变形温度、杨氏模量、拉伸强度和伸长率等介于两种材质之间，符合线性加和规律。ABS 和 PS 聚合物的质量较轻，外表光滑，无毒无味，稳定性好，且具有阻燃、耐磨、耐高温、强度高等物理特性，能够适用于家庭火灾恶劣的环境，而且生产成本相对较低，适合于电器设备等日常生活产品。智能灭火机器人结构模块展示图如图 6-31 所示。

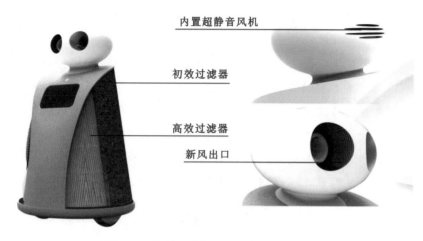

内置超静音风机

初效过滤器

高效过滤器

新风出口

图 6-31　智能灭火机器人结构模块展示图

智能灭火机器人的内胆是用国家标准的铝制材料，根据家庭火灾的调研分析可知家庭火灾的类型为 A～E 类，干粉灭火剂性质稳定，价格合理，且适用于扑救 A～D 类型火灾，因此筒体内的灭火剂选用干粉灭火剂，且筒体内装有驱动气体二氧化碳，确保开关制动的情况下灭火剂能够顺利喷出。常规家用灭火器内灭火剂的含量是 4 千克，喷射时间是 15～20 秒，时间较短，智能灭火机器人内胆设计的容积相对较大，可以容纳 6 千克灭火剂，射程达到 4 米，喷射时间为 20～30 秒，确保灭火器能够及时、高效地扑灭火灾，如图 6-32 所示。

灭火流程

感知异常　　　自动灭火　　　火情发送　　　自动拨打　　　烟雾净化

图 6-32　智能灭火机器人灭火图

6.6.4 移动应用交互设计

1. 功能架构设计

智能灭火机器人运用互联网、物联网等技术，构建了产品与用户、产品与环境、用户与环境间的智能交互系统，使各模块紧密相连，有效实现了智能灭火机器人的便捷性和可操控性。为了能够使用户与灭火机器人便捷互动，设计了两种途径的交互模式：操作界面和移动应用。

移动应用是使灭火机器人与手机连接，能够实现用户远程操控产品。其不仅具有信息提示功能和基本的操作功能，还能有效实现对灭火机器人的远程控制和相关数据信息的采集等。智能灭火机器人采集相关的数据信息通过无线传输途径传至云端，用户利用移动应用随时查看家庭环境空气数据信息的变化，实现对家庭环境状况的全面掌控。通过对智能灭火机器人功能、操作情景，以及用户心理、生理状况的研究分析，针对性地设计了移动应用 APP 功能架构，如图 6-33 所示。

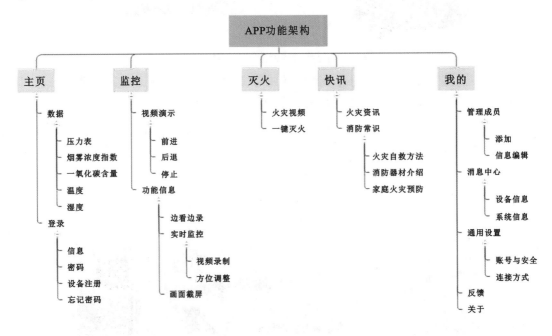

图 6-33 APP 功能架构

功能架构是设计人员用来呈现整个系统信息结构的工具，显示出局部与整体的关系，多个信息也会交错联系起来。可以看出，移动应用 APP 的功能主要分为两类：数据信息查看和设备控制。通过对移动应用功能需求分析研究，确定其主要有主页、监控、快讯、我的和灭火五个功能模块。

（1）主页模块。

主页模块是用户开启应用后默认进入的首页样式，界面显示内容为移动应用的主要信息，主要含有数据和登录两方面内容。主页的数据显示部分包括室内烟雾浓度指数、一氧化碳含量、温度、湿度，以及灭火机器人压力表信息等。智能灭火机器人日常工作主要是采集室内环境空气指数，实时监测是否有火灾隐情发生，确保家庭环境的安全。主页主要是显示室内空气指数信息，可具体查看近期内某项参数的具体变化。

（2）监控模块。

监控模块主要功能分为录制视频演示、边看边录、实时监控和画面截屏等四个信息模块。能够随时查看不同时间段家庭环境录制视频的情况，且其中实时监控功能可以实时查看室内状况，可对灭火机器人实现不同方位的移动操作，实现 360 度全方位无死角监控，确保家庭环境安全。

（3）快讯模块。

快讯模块主要包括火灾资讯和消防常识两种信息展示功能。火灾资讯主要显示近期不同地区发生的火灾安全事故新闻，用于警示用户家庭消防安全的重要性。消防常识主要为用户推送家庭火灾预防、火灾自救方法和消防器材介绍等常识性消防知识。

（4）我的模块。

我的模块包括管理成员、消息中心、通用设置、反馈和关于等信息功能。其中，管理成员主要是与智能灭火机器人连接的家庭成员基本信息，用于火灾发生时能够确保及时通知相关人员，紧急采取灭火操作。

（5）灭火模块。

灭火模块主要为火灾发生时，智能灭火机器人发送给用户移动应用的报警通知界面，用于警报家庭用户及时采取远程灭火操作，用户可以通过视频录制实时观看灭火机器人扑救火灾的作业状况。

2. 视觉界面设计

移动应用视觉界面设计效果直接影响用户的体验，且界面系统的整体布局设计和交互方式的逻辑设计，可以有效吸引用户注意力，合理引导用户操作产品，确保人机协调配合顺利完成任务，因此移动应用的界面交互设计至关重要。

通过上文对移动应用信息架构的设计，确定了应用界面的主要功能。在界面色彩选择上，遵循人机交互设计的一致性原则，采用与智能灭火机器人操作界面相一致的蓝色，尊重用户使用产品时习惯性的认知感，避免操作失误。界面结构布局设计应简单、便捷、易操作，功能层级不应多于三层。信息数据显示和功能按键图形化视觉设计要保证主次分明，交互逻辑清晰，确保慌乱的应急状态下用户能够准确操作界面，且用户与界面交互手势主要有滑动和点击两种操作方式。

由智能灭火机器人主要功能分析可知，移动应用界面设计主要有八个视觉界面，其中重要的视觉界面有主页、监控、快讯、我的、灭火和实时监控等。视觉界面设计采用简洁的扁平化设计风格。

（1）登录和注册界面。

首次启动移动应用时出现的视觉界面就是登录和注册界面，如图6-34所示。视觉界面中主要元素有输入框和点击按钮，大背景采用纯蓝色，与室内环境相叠加；主要信息部分采用白色圆角色块为衬托背景，使信息输入和点击按钮部分更为清晰、醒目；输入框采用灰色单线条形式，简洁、明晰，登录和连接设备按钮选用纯色块圆角矩形，以示区分。

图 6-34   APP 注册和登录界面

（2）主页。

使用应用时进入的默认界面即为主页，设计效果如图6-35所示。主页是应用的主要效果界面，主要内容是数据显示部分，智能灭火机器人压力表数据尤为重要，设计在页面的中心部位，以蓝色色块背景陪衬，突出重心；下面部分为智能灭火机器人采集的室内环境空气参数，点击某个参数，可随时查看此参数在一定时间内的变化（见图6-36），以此数据的波动来鉴别是否有火灾发生。

（3）监控和实时监控。

监控界面是主要视频录制查看界面，上半部分为视频播放，下半部分为视频相关设置按钮；实时监控界面是监控界面的二级界面（见图6-37），主要用于实时查看室内状况，确保家庭环境的安全，且界面上的方位操作按钮可指挥智能灭火机器人360度全方位无死角监控室内环境，便于用户远程操控智能灭火机器人。

图 6-35　APP 主页界面

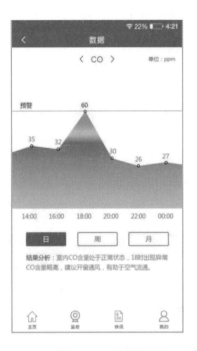

图 6-36　CO 数据界面

图 6-37　APP 监控和实时监控界面

（4）快讯。

快讯界面主要是显示各地火灾资讯和消防常识等信息，用于警示用户家庭消防安全的重要性，其视觉设计效果如图 6-38 所示。

（5）我的。

我的即为个人中心界面，主要分为个人信息显示和系统相关设置两部分，如图 6-39 所示。个人信息显示用白色色块单独显示，清晰、简洁；系统相关信息设置采用蓝色色块区分，其中管理成员主要是对连接智能灭火机器人的家庭成员信息进行编辑管理，确保火灾发生时能有效通报家人；消息中心主要显示系统发送的消息总结，包含灭火器报警的次数和时间；通用设置主要是对智能灭火机器人操控的相关设置。

（6）灭火。

灭火界面（见图6-40）是在智能灭火机器人监测到火灾后，由云端将信息传达到移动应用，移动应用接收传达的火灾信息后启动，并向用户显示报警界面。用户由此界面中实时录制视频部分查看家庭火灾状况，并及时启动灭火按钮。若智能灭火机器人第一时间没有收到用户灭火指令，也可自行启动灭火任务。

图 6-38　APP 快讯界面

图 6-39　APP 我的界面

图 6-40　APP 灭火界面

6.7　本章小结

通过对家庭火灾事故及市场上家用灭火器现状的研究分析，有效结合互联网智能时代的大背景，提出设计一款满足人机交互需求的家用智能灭火机器人，使其能够先于用户发觉火灾，并能够及时自动将火灾扑灭。

（1）调研分析了现有家用灭火器的现状，并研究了人机交互设计的相关理论和设计原则，提出了互联网＋传统灭火器的设计想法，并从交互设计角度对家用灭火器进行智能设计研究。

（2）前期从家用灭火器的现状，家庭火灾的诱因、特征和危害等方面进行研究分析，进而充分掌握灭火器存在的缺点和不足，以及对影响智能灭火器设计的相关火灾因素进行归纳总结，为家用智能灭火机器人的设计研究提供可参考信息。

（3）运用定性和定量的调研方法对用户进行全面研究分析，由此确立了产品的目标用户群体，并通过对受灾人群的生理、心理、认知和行为特征的综合分析研究，深度挖掘了目标用户的心理需求，并结合前期对人机交互相关理论知识的了解，对家用智能灭火机器人的主要功能和人机交互方式进行深入研究。

（4）通过对家用智能灭火机器人交互设计的深入探究分析，确立了家用智能灭火机器人的主要功能，并结合人机交互设计系统要素理论分析，提出了家用智能灭火机器人的感官、行为和情感的三种交互方式，且设计出了融合视觉、听觉、触觉及语音等多通道人机交互模式。

（5）最后通过人机交互设计理论和设计原则的分析和总结，提出了适用于家用智能灭火机器人的交互设计原则及 UCD 交互设计方法，在此基础上对家用智能灭火机器人进行形态及操控界面设计和配套移动应用设计。

未来智能灭火机器人不再是一件单一功能产品，而是与智能家居全面融合，全面提升灭火功能，改善用户体验，使其更好地服务于人们生活的智能家电产品。

 思考题

1. 工业产品设计中，人与产品发生交互才能体现出使用的功能性，那么什么是交互设计？交互设计的要素和目标是什么？

2. 工业产品设计中，UCD 交互设计方法的理念是什么？

3. 简述家用智能灭火机器人的交互设计原则。

4. 根据灭火剂的成分可以将家用灭火器分为哪几种？

5. 结合本章内容，阐述传统灭火器与智能灭火机器人的优缺点。

扫码做题

[1] 钱佳佳，张健．室内空气净化器的研究与设计［J］．电脑知识与技术，2018，14（2）：252-253，263．

[2] 李阳，张小平．智能空气净化器交互界面设计研究［J］．西部皮革，2018（17）：115．

[3] 章放，刘天飞，宋萍，等．空气净化器的专利分析［J］．环境科学与技术，2014（S2）：333-336．

[4] 朱东梅．空气净化走过两百年［J］．现代家电，2014（14）：16-19，12．

[5] 随晓燕．以体验为中心的手机包装设计研究［J］．设计，2017（7）：17．

[6] 丁熊．城市公共服务体系创新设计研究［J］．包装工程，2015（2）：13-17．

[7] 唐纳德·A. 诺曼．设计心理学3：情感设计［M］．何笑梅，欧秋杏，译．北京：中信出版社，2012．

[8] B. 约瑟夫·派恩，詹姆斯·H. 吉尔摩．体验经济［M］．毕崇毅，译．北京：机械工业出版社，2016．

[9] 陈多政．斯堪的纳维亚风格对现代产品设计影响的探究［J］．设计，2017，7：42-43．

[10] 中国标准出版社．空气净化器国家标准汇编［M］．北京：中国标准出版社，2017．

[11] 杨俊．西城华兴XQ-50C空气净化器造型设计［D］．长沙：湖南大学，2014．

[12] 马忠校，刘晓宇，杨小猛，等．空气净化器降低室内尘螨过敏原含量及其免疫反应性的实验研究［J］．中国人兽共患病学报，2013，29（2）：133-137．

[13] 袁琳嫣．室内空气净化器技术应用研究进展［J］．洁净与空调技术，2015（3）：46-50．

[14] 谢雪梅．新媒体时代LK空气消毒净化器的营销策略研究［D］．成都：电子科技大学，2015．

[15] 陈文科．车载空气净化器中无线检测和控制系统的研究与设计［D］．广州：华南理工大学，2015．

[16] 刘腾蛟．浅谈产品外观设计的多元要素［J］．文化创新比较研究，2017（36）：118，120．

[17] 顾津，何颂飞．信息时代智能化产品CMF设计的解读［J］．艺术与设计（理论），2017（2）：92-94．

[18] 朱敏玲，李宁．智能家居发展现状及未来浅析［J］．电视技术，2015（4）：82-85，96．

[19] 张李盈．家用空气净化器造型设计及创新［D］．长春：吉林大学，2014．

[20] 倪沈阳，白莉，李双，等．浅谈我国空气净化器的发展趋势［J］．长春工程学院学报（自然科学版），2016：44-47．

[21] 楼志坤．智能家居发展现状及未来发展趋势分析［J］．信息通信，2017（3）：283-284．

[22] 全燕．"互联网＋"时代的产业生态圈初探［J］．信息通信，2017（3）：284-285．

[23] 中国家用电器协会标准法规部．日本空气净化器技术发展综述［J］．电器，2013（6）：76-79．

[24] 苏美先．空气净化器的研究和设计［D］．广州：广东工业大学，2014．

[25] 李三新 . CMF 创造产品完美用户体验 [J]. 设计，2014 (12)：114-116.

[26] 王晓洋，刘丽娟 . 深紫外非线性光学晶体及全固态深紫外相干光源研究进展 [J]. 中国光学，
2020，13 (3)：427-441.

[27] 李翠玉，王卉竹 . 无接触式深紫外线杀菌器创新设计研究 [J]. 机械设计，2021，38 (4)：
129-133.

[28] 张建宁 . 基于整合思维的产品设计研究 [D]. 北京：中央美术学院，2018.

[29] 彭卉 . 基于整合设计的小户型多功能家具设计研究 [D]. 广州：广州大学，2017.

[30] 王雪 . 中国现代厨房用具整合设计研究 [D]. 南京：南京艺术学院，2017.

[31] 刘萌 . 共生式整合设计理念在定制衣柜设计中的研究与应用 [D]. 青岛：青岛大学，2020.

[32] 罗庆臻 . 一体化产品整合设计模式研究 [D]. 南京：南京艺术学院，2016.

[33] 林小琴 . 小家电产品功能整合设计合理性研究 [J]. 设计，2014 (07)：32-34.

[34] 吴江，莫逸凭 . 共生式产品整合设计研究 [J]. 包装工程，2011，32 (24)：65-68.

[35] 石元伍，陈旺 . 基于 SET 与 FAHP 的老年人助行机器人创新设计 [J]. 机械设计，2016，33
(10)：116-120.

[36] 张磊，葛为民，李玲玲，等 . 工业设计定义、范畴、方法及发展趋势综述 [J]. 机械设计，
2013，30 (8)：98-101.

[37] 徐跃峰 . 深紫外杀菌功能小家电项目商业计划书 [D]. 广州：华南理工大学，2016.

[38] 姚君 . 可持续产品系统设计研究 [J]. 包装工程，2020，41 (14)：1-9.

[39] 攸川卜，徐国栋 . 产品的可持续设计解析 [J]. 工业设计，2019 (08)：113-114.

[40] 李江泳，吴帅丹，张顺峰 . 基于情境感知的移动消防产品功能设计研究 [J]. 包装工程，2021，
42 (02)：104-112.

[41] 李立全 . 整合设计思维在单一产品企业设计战略系统中的应用 [J]. 设计，2013 (02)：
174-176.

[42] 文尚胜，左文财，周悦，等 . 紫外线消毒技术的研究现状及发展趋势 [J]. 光学技术，2020，46
(6)：664-670.

[43] 钟昱文，王雅静，陈惠珍，等 . 一种光触媒空气净化消毒器对室内空气净化消毒效果的研究
[J]. 中国消毒学杂志，2014，31 (11)：1149-1151.

[44] 林岳，陈华山，陈灿和，等 . 深紫外发光二极管研究进展及其在杀菌消毒中的应用 [J]. 厦门大
学学报（自然科学版），2020，59 (03)：360-372.

[45] 侯婷婷 . 李霞 : 健康备受关注，探秘冰箱产品杀菌技术 [J]. 家用电器，2020 (12)：55.

[46] 仇露莎 . 家用紫外线杀菌灯安全性问题探讨 [J]. 科学技术创新，2020 (19)：20-21.

[47] 王国栋，夏果，李志远，等 . 便携式紫外-可见光谱仪设计及关键技术研究 [J]. 光电工程，
2018，45 (10)：73-84.

[48] 曹小兵，陈磊，冉崇高，等 . 紫外线杀菌产品在消毒杀菌领域的应用研究 [J]. 中国照明电器，
2020 (04)：6-10.

[49] 张颖，兰玉琪 . 浅谈深紫外技术在产品设计中的应用与发展 [J]. 工业设计，2019 (04)：
132-133.

[50] 郑慧，黄雪志 . 马斯洛需求层次理论在档案馆用户需求中的应用研究 [J]. 北京档案，2020
(12)：12-16.

[51] 高静美，梁桐菲．意义生成视角下90后员工工作社交媒体使用的态度和行为研究［J］．中国软科学，2020（03）：183-192.

[52] 宋端树，许艳秋，崔天琦，等．基于AHP-FAST的产品概念创新设计模式研究［J］．包装工程，2019，40（24）：228-234.

[53] 黄劲松，袁钏涵．面向用户需求的定制化家用空气净化产品系统设计［J］．机械设计，2020，37（05）：134-138.

[54] 胡秋明，武雪梅．光触媒降解室内甲醛的影响因素研究［J］．南华大学学报（自然科学版），2020，34（02）：50-55，61.

[55] 纪建华．表面活性剂处理浮选分离ABS和PC塑料的研究［J］．化学与粘合，2020，42（06）：441 444.

[56] 黄歆．用户需求对产品的差异化设计影响［J］．工业设计，2019（11）：64-65.

[57] 亓乐政．多功能设计理念在智能茶几设计中的研究应用［D］．青岛：青岛大学，2019.

[58] 涂佩雯．浅析绿色设计理念下的多功能产品设计［J］．门窗，2019（22）：19.

[59] 郑雨薇，张继晓．探究产品交互细节设计对提升用户体验的作用——以戴森吹风机的交互细节设计为例［J］．设计，2020，33（17）：26-28.

[60] 彭定洪，黄子航，彭勃．用户需求导向的产品设计方案质量评价模型［J］．小型微型计算机系统，2021，42（01）：218-224.

[61] 王伶羽，左亚雪，胡洁．基于感性工学与知识工程的用户需求认知研究［J］．包装工程，2021，42（02）：28-34.

[62] 田会娟，王志波．浅谈家电产品CMF创新方法和流程［J］．流行色，2020（07）：174-175.

[63] 耿蕊．小家电产品CMF设计研究［J］．苏州工艺美术职业技术学院学报，2020（04）：29-31.

[64] 左恒峰．CMF的功能性及设计应用［J］．工业工程设计，2020，2（06）：12-24.

[65] 龚巧敏，张梦瑶．基于用户个性需求的多功能家用电器设计研究——以"灵机易动"多功能迷你冰箱设计为例［J］．工业设计，2020（08）：159-160.

[66] 马德新．智能家居市场中的元器件发展态势［J］．电子元件与材料，2014，33（1）：85-86.

[67] 戴源德，于娜，张小兵．以可靠性为中心的空调设备维修管理系统［J］．暖通空调，2014，44（03）：133-136.

[68] 陈俊杰，周雷，丛倪鹏，等．空调系统零部件可靠性试验设计［J］．制冷与空调，2018，18（02）：50-52.

[69] 熊克勇．快连接式电磁继电器结构可靠性的研究与改进［J］．电子产品世界，2017，24（06）：40-42，45.

[70] 曾维虎，姚航．空调贯流风叶的运转可靠性研究［J］．河南科技，2019（25）：43-44.

[71] 揭丽琳．基于使用可靠性的空调保修优化设计研究［D］．南昌大学，2018.

[72] Ramasamy Subramaniam, Dongran Song, Young Hoon Joo. T-S fuzzy-based sliding mode controller design for discrete-time nonlinear model and its applications［J］. Information Sciences，2020，519：183-199.

[73] Kuppusamy Subramanian, Joo Young Hoon. Memory-Based Integral Sliding-Mode Control for T-S Fuzzy Systems With PMSM via Disturbance Observer［J］. Cybernetics, IEEE transactions on，2021（05）：2457-2465.

［74］ Indrani Kar，Prem Kumar Patchaikani，Laxmidhar Behera. On balancing a cart-pole system using T-S fuzzy model ［J］. Fuzzy Sets and Systems，2012，207（12）：94-110.

［75］ Ikuro Mizumoto，Hiroki Tanaka. Model Free Design of Parallel Feedforward Compensator for Adaptive Output Feedback Control via FRIT with T-S Fuzzy Like Model ［J］. IFAC Proceedings Volumes，2010，43（10）：139-144.

［76］ Shuen-Tai Ung. Evaluation of human error contribution to oil tanker collision using fault tree analysis and modified fuzzy Bayesian Network based CREAM ［J］. Ocean Engineering，2019，179（5）：159-172.

［77］ Ali Cem Kuzu，Emre Akyuz，Ozcan Arslan. Application of Fuzzy Fault Tree Analysis（FFTA）to maritime industry：A risk analysing of ship mooring operation ［J］. Ocean Engineering，2019，179（5）：128-134.

［78］ 陈乐，王贤琳，李卫飞，等. 基于 T-S 模糊故障树的刀架系统可靠性分析 ［J］. 组合机床与自动化加工技术，2019（02）：143-146.

［79］ 王凯，晋民杰，邢浩宇，等. 基于 T-S 故障树的多态系统可靠性分析 ［J］. 矿山机械，2018，46（09）：17-21.

［80］ 李翠玉，孙信民，蒋旭，等. 基于 T-S 故障树的家用空调可靠性分析 ［J］. 机械设计，2021，38（2）：120-126.

［81］ 杜娟. 设计心理学在产品设计中的应用研究 ［J］. 工业设计，2020（03）：65-66.

［82］ 郭慧. 设计心理学在老年产品设计中的应用研究 ［J］. 工业设计，2020（04）：87-88.

［83］ 唐嘉薇，王润森. 基于情感化设计中反思层面的产品设计研究 ［J］. 电动工具，2020（02）：26-28.

［84］ 梁芹生. 基于层次分析法和深度学习的用户心理体验评价研究 ［J］. 山东农业大学学报（自然科学版），2017，48（04）：611-615.

［85］ 张瑞秋，褚原峰，乔莎莎. 基于用户心理模型的移动终端手势操作研究 ［J］. 包装工程，2015，36（06）：63-67.

［86］ 尹家鸣，朱雨晴，覃京燕，等. 基于心理学的人机交互界面设计的变异与常则 ［J］. 包装工程，2014，35（16）：26-29.

［87］ 陈旭. 产品形态设计中的心理学因素分析 ［J］. 机械设计，2013，30（03）：105-106.

［88］ Leigh Thompson，David Schonthal. The Social Psychology of Design Thinking ［J］. California Management Review，2020，62（2）：84-99.

［89］ 徐廷喜，杜志敏，吴斌，等. 基于支持向量数据描述算法的变频空调系统制冷剂泄漏故障诊断研究 ［J］. 制冷技术，2019，39（04）：25-31.

［90］ 李冰月，孙建红，刘海港，等. 基于 FMEA 的飞机空调系统故障诊断与仿真 ［J］. 振动、测试与诊断，2017，37（03）：588-595.

［91］ 姜忠龄. 关于制冷空调设备电气与控制的研究 ［J］. 家电科技，2019（01）：48-49.

［92］ 李素坤. 航空器空调系统故障分析与探究 ［J］. 民航学报，2018，2（03）：55-57，4.

［93］ 廖小东，周斌，谢名源. 动车组客室空调制冷剂不足故障诊断模型 ［J］. 城市轨道交通研究，2019，22（11）：52-57，62.

［94］ Liangliang Sun，Jianghua Wu，Haiqi Jia，et al. Research on fault detection method for heat pump air conditioning system under cold weather ［J］. Chinese Journal of Chemical Engineering，2017，

25（12）：1812-1819.

[95] 张弘韬，陈焕新，李冠男，等．主元分析用于多联式空调系统传感器故障检测和诊断［J］．制冷学报，2017，38（03）：76-81.

[96] 刘佳，寇小明，王凯国，等．基于专家综合评判的故障树底事件失效率计算方法［J］．水下无人系统学报，2018，26（06）：575-580.

[97] 金朝光，林焰，纪卓尚．基于模糊集理论事件树分析方法在风险分析中应用［J］．大连理工大学学报，2003（01）：97-100.

[98] 洪军妹．凉山彝族传统漆器语言及其在现代产品设计中的应用研究［D］．昆明：昆明理工大学，2012.

[99] 张孝茜．探析凉山彝族装饰纹样在视觉传达设计中的应用——以漆画《彝饰》为例［J］．大观（东京文学），2019（07）：23-24.

[100] 陈军．基于民族传统文化的家具创新设计方法研究——以凉山彝族漆器为例［J］．大观（论坛），2019（01）：86-87.

[101] 张魏霞．凉山彝族漆器图案在室内装饰设计中的应用研究［D］．重庆：西南大学，2018.

[102] 赵健．基于人机交互理论的测量仪器显示界面研究［D］．天津：天津大学，2008.

[103] 辛向阳．交互设计：从物理逻辑到行为逻辑［J］．装饰，2015（01）：58-62.

[104] 张学智．现代家庭火灾事故发生的原因及防范对策［J］．消防科学与技术，2010（9）：841-843.

[105] 李庆功，伍东，谢飞，等．居民住宅火灾危险及安全防火措施探析［J］．消防科学与技术，2009（6）：457-460.

[106] 戚斑．近10年亡人火灾统计数据分析及防范对策［J］．中国消防，2017（11）：18-23.

[107] 佟璐琰．针对家庭火灾的应急自救逃生产品设计研究［D］．沈阳：沈阳航空航天大学，2013.

[108] 王毅．基于仿人机器人的人机交互与合作研究［D］．北京：北京科技大学，2015.

[109] 单美贤．人机交互设计［M］．北京：电子工业出版社，2016.

[110] 李智佳．基于交互理念的家居软产品设计研究［D］．杭州：中国美术学院，2015.

[111] 孙鲁晗．室内灭火器的设计和研究［D］．济南：齐鲁工业大学，2017.

[112] 孙姜旭．小型消防机器人分析与设计［D］．西安：西安电子科技大学，2012.

[113] Chris Nodder. Evil by Design：Interaction Design to Lead Us Into Temptation ［M］．John Wiley&Sons，2013.

[114] 章文．基于情感体验的家用智能产品设计［D］．杭州：中国美术学院，2013.

[115] 黄贤强．交互设计在工业设计中的应用研究［D］．济南：齐鲁工业大学，2014.

[116] 于歌．产品设计中的交互设计研究［D］．长春：吉林大学，2012.

[117] 申彬彬．智能消防实时监测系统设计与实现［D］．长沙：湖南大学，2014.

[118] 邢妍．服务机器人交互设计研究与应用［D］．沈阳：沈阳工业大学，2017.

[119] 庞蕾，李翠玉．交互设计视角下家用智能灭火器研究设计［J］．设计，2018（9）：128-129.

[120] 刘康轩．安防巡逻机器人设计研究［D］．北京：北京邮电大学，2017.